CATS

○

LIFE

●

LOVE

○

DAILY

CATS

○

LIFE

●

LOVE

○

DAILY

我的貓系生活

有貓的日常，讓我們更懂得愛

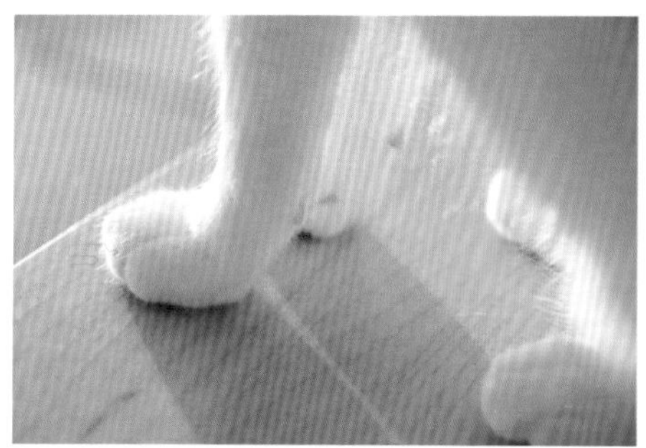

FOREWORD

推薦序

翻開書頁就被漂亮又很生活化的貓照們吸引了！

其實跟露咖馬麻一樣，我也是小時候莫名其妙怕貓派的。

原因也不外乎是『貓咪眼睛看起來好可怕』、『貓咪身體好軟摸起來好奇怪』、『貓咪看起來有很邪惡的感覺』，現在變成貓奴黨之後就覺得自己以前很奇怪，到底為什麼會有這些怪想法啦！現在這些點都變成我最愛的地方，認識貓咪之後就會越來越覺得他們全身上下都好可愛唷～

在書裡面看到露咖馬麻分享了認識、了解貓咪的過程，真的很有共鳴感，相信很多還不太了解貓咪，或是對貓咪這種神奇生物感到好奇的未來潛力股貓奴們，都可以在書裡面找到自己進入貓奴世界的脈絡，或者可以說是指南。給自己一次機會，好好認識貓咪這種神秘美好的生物吧！

在書本裡看到最有感的一個段落，就是露咖馬麻在跟大家分享『每隻貓都是獨特不完美的』。越是了解貓咪們就會發現，他們跟我們好像好像，每隻貓咪都有自己迷人的性格，每一隻貓都有他們很值得被愛的優點，就算是性格機車的貓咪（就像我們家的短總），你也會看著他機車的那一點感覺到很幸福，覺得『啊～真不虧是我們家短褲呀～真是太有性格了！』，當你發現你也開始會冒出這樣的OS的時候呢，不用緊張，歡迎你也進入貓奴的世界了！那才不是機車，是他們最迷人最特別的個性呀～

整本書裡面記錄了露咖馬麻與貓咪們的生活點滴與歷程，還有來自資深貓奴與人類新手媽媽的經驗分享，真的涵蓋了我們進入貓奴世界很多層面的體驗分享，很推薦給貓奴們、未來的貓奴們取經、借鏡唷！

好味小姐

LadyFlavor

PREFACE

作者序

還記得出版社和我初次見面的那天下午，我帶著在肚子裡的小貓奴提早到了星巴克，搓著有點緊張的手指頭，我的金魚腦大概只能放空，心裡想著，能出一本書，甚至是寫關於貓咪的書，似乎是在夢境裡才能實現的事。莫非，我真的是在做夢？直到編輯群跟我說，「妳的粉專和部落格很特別，不是只有『貓咪好可愛好可愛』那樣而已」，我才驚覺到自己在幹什麼！（笑）

我和大家一樣，就剛好是個愛貓也愛孩子的地球人，在部落格上敲敲鍵盤，想用自己真實的文字和感覺，分享那些好好壞壞的事，當然我也夢想著能有和貓咪整天膩在一起的未來。藉由這本書，我想讓更多貓奴去覺察一些事情，像是「什麼樣的貓是完美的」、「怎樣的貓又該怎麼去愛」，我都希望能讓多點人去明白，其實關鍵在於「怎麼愛」。無論你們在養貓的路上發生了什麼事，我也希望我的文字能讓你們感到不孤單，甚至是能一起集結力量，做些什麼事。

我很謝謝我的娘親，我也因此寫了一篇部落格文章感謝她，謝謝她願意接納我的貓，甚至給我的貓一點點的愛，或許在不久的未來，她也能即將成為隱藏版的優質貓奴2.0，儘管她原本非常非常地討厭貓。但因為有她和露咖爹的幫忙，讓我能在焦頭爛額的育嬰生活中，不餓肚子、專心寫作，我才有機會能在工作和照顧嫩嬰的細小夾縫中，擠出這本書。

寫一篇文章，就必須觸碰一次過往的傷痛，為照片謄上幾句話語，也品味著日日當前的美好，整理了一些想法和資訊，就希望能再多為這個環境播下名為「希望」的種子，說真的，我深深覺得比起我給予貓的，他們更引領了我看見更大更美好的世界。寫著寫著，不免會哭了，但看著看著，卻也能笑了。但願所有的貓貓狗狗和地球人們，都能夠體會這個美好的貓系生活，從愛貓與愛貓及貓的日常中一個個實現……

佩佩 peipei

CONTENTS

CHAPTER 1

我以為的貓其實不是貓

CHAPTER 2

貓：我的生活齒輪

CHAPTER 3

想讓貓奴們知道的事

CHAPTER 1

我以為的貓其實不是貓

貓的桀敖不馴和冷漠無情，
原來只是遙遙遠望的道聽塗説……

怕貓的理由只是在牽拖

我娘怕貓，我也怕過貓，所以我知道怕貓的感覺是什麼，但貓的邪門就像鬼魂一樣，怕貓的人傳說著，而實際上真正遇到的又有幾個？

不知道從什麼時候開始，我竟然百分之二百地愛上了貓，雖然人生中始料未及的事情太多，但「愛上貓」這件事，我這輩子壓根都沒有想過。

貓到底哪裡可愛啊？

從小到大我就是十足的狗派，如果聽到朋友說：「我以後有能力了，想隻養貓！」，又或者是出現「貓真的好可愛哦！」之類的讚嘆，我就會眉頭深鎖，內心著實疑惑。

六年前的我，實在不知道「貓哪裡可愛」，除了怕貓、覺得他們冷酷無情以外，對貓爪的恐懼更是讓我不敢靠近任何一隻貓，連走在路上看到街貓，都只想著該怎麼繞路走過去，然後腦海裡就會自動出現這些話語：

「貓很陰、很邪門。」

「聽說貓看得到鬼欸！」

「貓叫聲很像嬰兒在哭，好陰森……」

「貓很兇的，別靠近貓！」

「貓是很冷漠的動物，不要養貓啦！」

「貓會帶來厄運，很不吉利。」

「貓吃飽，就不會理你了，別餵貓。」

那些在腦袋裡自動播放的「貓咪標籤檔」，除了有些是來自電視八點檔，也有些來自我娘——露咖阿嬤，她是個在眷村裡長大的樸實女孩。

以前害怕的貓眼，現在卻像是墜入小宇宙一般，可以靜靜地看好久好久！

撬開心房，挖出怕貓的原因

可能是為了寫書，也或許是希望露咖阿嬤能夠接納三貓，某天傍晚，我找了個機會跑去問我娘怕貓的主要原因，我猜想是不是以前發生過什麼事情，所以才會對貓有陰影？結果聊了老半天，一直挖呀挖，才知道——其實只是因為小時候被狗咬過……但這與貓何干啊？而且我娘親還因此怕得晚上睡不著，讓外婆去和那戶養狗人家要了撮狗毛回來，給我娘收收驚。從那之後，我娘就覺得路上的貓，都和那隻咬她的狗一樣，隨時會主動過來咬人！

「其實妳也沒被貓咬過或抓過嘛～根本是牽拖啊～」我替這些被牽拖的貓貓們叫屈！

「對啦～可是我還是覺得可怕，而且貓一直盯著我看，感覺就要過來咬我！」

「不會啦～他其實怕妳怕得要命，貓是被動攻擊型的動物，他只是在觀察妳而已啦～」

「而且那個矮房屋頂上，又有很多可怕的老鼠，野貓會吃老鼠欸！所以我看到貓，就覺得好可怕！」

「那妳要感謝街貓啊！他能幫妳驅趕妳最怕的老鼠欸！」

「可是我就還是會怕～而且貓的叫聲好淒厲，好像看得到什麼！又不知道他們叫成那樣到底在幹嘛？」

「那是因為還沒結紮，在爭地盤、搶食物，又或者是在發情啦～」

「是這樣哦!?還有這樣的哦!?」露咖阿嬤一臉恍然大悟。

「現在都有很多志工在做 TNR（街貓抓紮，以節育代替撲殺），街貓結紮後就不發情、不會ㄠ嗚ㄠ嗚叫了，只會像 ANIKI 一樣，愛吃愛玩又愛睡～」

「那這樣很可愛啊！」露咖阿嬤笑著說。

我娘說，以前眷村裡沒有路燈，到了晚上，那是伸手不見五指的黑，她小小的身子走在村裡，聽到貓的低吼，就很擔心是不是看到了什麼。矮圍牆上有雙看不見身軀的黃色貓眼睛，被凝視的感覺，就好像自己要被穿透了一樣，讓她覺得很陰森、很可怕……

因為我也怕過貓，所以我知道那種怕貓的感覺是什麼，但害怕的主要原因，是來自於對貓的不了解，我怕貓的原因，也部分來自我娘的渲染。貓的邪門就像鬼魂一樣，怕貓的人傳說著，而實際上真正遇到的又有幾個呢?更何況，「狗來富，貓來起大厝」，愛貓的人可傳頌著這樣的好運呢！

讓家人接納貓的方式：同化他們！

同化的起手式，可以試著先了解家人「不喜歡貓的原因」。可能我們會得到許多令人白眼翻到後腦勺的答案，以及沒有科學根據的無稽之談，又或者是各種莫須有的奇怪標籤，但只有在了解的過程中，我們才有機會讓家人卸下心防，最重要的是——多傳一些貓咪可愛又爆笑的照片給家人！

養貓的這幾年，因為露咖阿嬤很怕貓，所以她有好一陣子都沒有來我家找我，直到後來我懷孕了，露咖阿嬤才變得經常來我家，看看我，順便看看三貓。還記得，三貓初次看到露咖阿嬤的時候，簡直是嚇翻了：歪腰站在高處觀察、ANIKI 躲到角落只露出一顆大屁股、金爺則是縮在沙發底下，趁隙以液體狀、低底盤之姿爬行逃竄，真的很有事！

但隨著小貓奴的出生，日子久了，三貓也習慣了。某天，我在客廳餵小貓奴喝ㄋㄟㄋㄟ的時候，原本怕阿嬤怕得要命的 ANIKI，竟然主動走近阿嬤，窩在她的大腿邊呼嚕呼嚕！

我瞬間大讚說：「他除了我，從來沒有對別人這樣過！恭喜妳被認可了！」怕貓的露咖阿嬤則是一直對著ANIKI求饒：「你不要這樣啦！我沒有辦法啦！頂多給你放一隻手在我身上就好了啦！」

「其實我也不討厭你的貓，他們很乖，我以前不懂，現在看小孩都這麼喜歡貓，所以我也想努力試試喜歡他們。」聽到她這樣說，我的眼淚簡直就要奪眶而出！

露咖阿嬤到現在還是很怕貓，被ANIKI窩大腿或靠近的時候，身體會有些僵硬，臉上的表情是「不要再過來了！」但儘管嘴裡嚷嚷著「不要了啦！」，卻還是願意讓ANIKI輕輕靠著，真的讓我好欣慰！

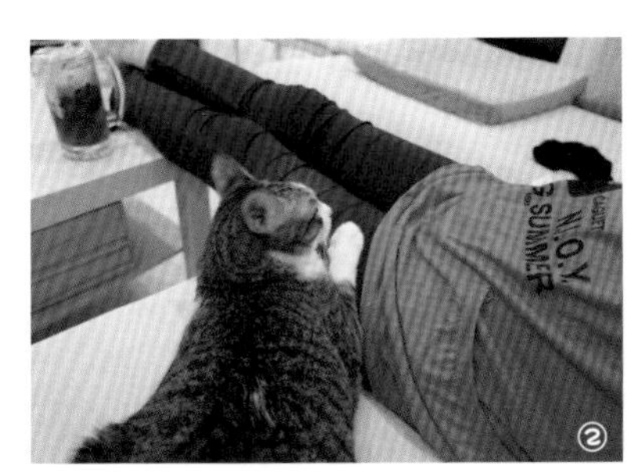

① ANIKI：「幹嘛？我在陪阿嬤吃稀飯啦！」
② ANIKI：「偶可以上去嗎？」（伸手）
露咖阿嬤：「不要吧！一隻手就好了啦！不要躺大腿啦！我受不了啊！」
儘管阿嬤這樣說，有時候 ANIKI 來個「霸王硬要窩」，阿嬤還是會讓 ANIKI 多窩一下 XD

露咖爹的計謀

追妹的方法我見過很多：兜風、送禮、看電影……但你們有看過靠貓撩妹的嗎？我見過，而且我還是被成功撩到的那一個……

出社會之後，我有幾年對愛情感到很失望，因為完全不想再談戀愛，只想全心全意衝刺自己的人生目標，所以對於想追我的人，都拒於千里之外，包括當時認識十幾年的工具人——露咖爹。可惡的是，他竟然偷偷借用可愛的貓，撬開了我緊閉許久的心。

那位修電腦的男子

「妳要不要來看看我弟養的貓？很可愛哦！」一個正在幫我修電腦的男子，跟我說了

① 包子：「我是包子，我就是可愛！」
② 包子：「我是成功收服露咖佩變成貓奴的第一隻喵哦！」

這一句話。「貓很可愛」幾個字，再次讓我感到匪夷所思。

「貓哪裡可愛，而且貓不是不親人嗎？」我不好意思直接拒絕，畢竟眼前這個人，免費幫我緊急修復電腦裡很重要的報告。

「野貓生活在外，會需要保持警戒心，通常不親人，但養在家的貓不會，很可愛哦！」

那句「很可愛哦！」就像被按了重複鍵一樣，在我腦子裡不斷 replay，我依然不知道貓到底哪裡可愛，但突然有股想突破自己框架的衝動，要約我去看看所謂「可愛的貓」，不過就是隻家貓嘛，去見見也無妨！

所以，我就跟著修電腦的男子到他弟弟的房間，探探他嘴裡所謂「可愛的貓」，究竟是怎麼個可愛法，好解除不斷在我腦子裡 replay 的疑惑。

初次參見包子娘娘

我們小小聲地往另一間房間去，修電腦的男子走在我前面，我跟著他一起踮著腳尖、一步步噤聲地走，深怕一不小心弄出聲音，就會驚動到房裡的「貓娘娘」。

打開門，我看見一團灰白毛茸的「貓娘娘」窩在床上，手腳的饅頭收得好好的、雙眼微微睜開，像是召見奴才般帶著一絲不屑的氣派感。我只覺得好奇：說好的「可愛」呢？沒什麼感覺呀！

「她叫包子，妳可以先用手指頭讓她聞聞看妳的味道。」修電腦的男子劈頭第一句，就是教我怎麼靠近貓！怕貓的我心想，既然想要嘗試，那照做就對了。

「啊～她舔我欸！怎麼刺刺的！好癢、好奇怪！」

「貓的舌頭跟狗不一樣，貓的舌頭是梳子哦！妳很幸運欸！她通常比較會理男生。」

「怎麼會舔起來刺刺癢癢的啊！」初次近距離靠近貓，我的衝擊似乎有點大！

包子繼續用不屑的眼神看著我，輕輕地閉上雙眼後再睜開，讓我覺得自己好像井底之蛙，天真無知地以為貓舌頭跟狗舌頭沒什麼兩樣。這就是我第一次這麼近距離接觸，所謂「可愛的貓」。

修電腦的男子就這樣抓到了機會，從原本預計的半小時，延長成帶我認識貓、摸摸貓的約會時光，說說笑笑地向我解釋貓咪會有哪些呆萌行為。我聽得新奇，而包子又願意多讓我摸幾把溫熱的小肉球！頓時不知道是因為男子、還是因為貓咪（絕對是因為貓咪），四周飄起了粉紅色泡泡。

這名男子「靠貓撩妹」的詭計，就此順利地讓我卸下心防，而我也因為這次近距離接觸了所謂「可愛又親人的貓」，往後的日子，就算在路上遇到街貓，也不會再避之唯恐不及了。

包子後來跟著我們一起住，和我當時養的臘腸狗：波利，也變成好朋友。有些部落格讀者會來私訊問我包子的現況，而包子目前有非常愛她的媽咪在疼，請大家放心囉！

小賤手和無法抗拒的貓肉球

偷偷摸摸好療癒

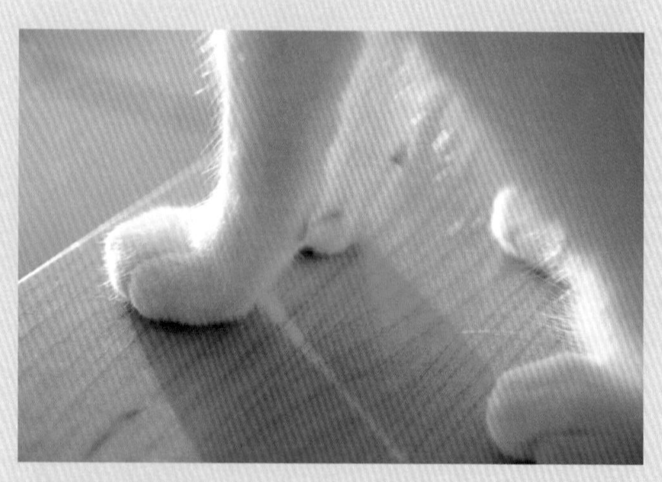

有陽光味的白饅頭耶！

這個常被貓奴形容成饅頭或山竹的手，以毛茸茸的外型包覆著Q嫩嫩的肉墊，根據不同的貓咪肉球顏色，還能再分成巧克力、咖啡、草莓等等的小熊軟糖口味。除了外型可愛，這肉球還兼具了防滑、排汗、避震和敏銳感應的功能，讓貓走路起來不僅輕輕柔柔，當遇到想吃的或好奇的東西，貓掌還會變成偷偷摸摸的可愛小賤手，實在是令我迷戀到不行的部位！

我都會趁三貓睡到不省人事的時候，去偷摸他們的饅頭手和肉墊，而且每隻貓的肉墊都有自己的紋路，仔細看金爺的肉墊，甚至還有可愛的一顆痣呢！超級勾椎～

曾經以為金爺踩到髒東西而去摳了一下，結果那根本是一顆痣啦！

貓咪的個性敏感又好奇，對感興趣的東西，會用靈巧的貓掌去探查，他們透過這雙「饅頭手」在認識這個世界。

所以，貓奴家的禁忌，就是「不可獨留易碎物品」和貓在同一個空間，貓貓一定會出手戲弄，直到易碎物品掉到地上，發出很大的聲音，又或者是碎了一地，貓貓才會知道：「噢！原來這個會這樣啊！」絕對是名副其實「既可愛又可恨」的小賤手！

偷戳 ANIKI 的草莓小熊軟糖！

歪腰：「快給少爺我呈上！」（努力伸手＋瞇眼）
露咖佩：「你以為你眼睛閉起來我就看不到你了嗎？」＃這是不是鴕鳥心態啊？

只有歪腰會玩的益智遊戲！

愛貓的男人，好帥

世上的男人千百種，大家各有所好，但若要問我，我會說：「愛貓的男人，真的很帥！」因為他們愛護貓咪的種種行為，一瞬間就能擄獲旁觀者的心！

自從露咖爹帶我見識了家貓的可愛，我開始對貓好奇，甚至是有那麼一點喜歡上貓。

有一天，我看到有隻可愛的店貓窩在摩托車上，我直接伸手去對那隻店貓討玩。想當然，如此唐突出手，下場就是「成了獵物」，不免換來了幾條「象徵白目」的印記，以茲證明：你還不夠了解貓啦！

露咖爹發現我實在很不懂貓，但似乎是被包子收服了，有被同化成貓奴的跡象，所以，他開始教我這個「不識貓性」的女子一些和貓相處的基本撇步，比方說：

・絕對不能用手和貓玩，手會被當成獵物（咬咬抓抓伺候！）。

・初次見到貓，可以慢慢伸出彎曲的食指，先讓貓聞聞味道。

・不要盯著陌生貓的眼睛看，可以試著對貓眨眨自己的眼睛。

・對貓要採低姿態，蹲低、趴低、顯得比貓小就對了！

・如果貓拱背、開飛機耳或是張嘴發出「嘶」的叫聲，就千萬不要再靠近。

・逗貓棒要演得像獵物，抓住「若隱若現」的原則，才能逗到貓。

聽他說著那些「怎麼和貓相處」的原則，我突然覺得眼前這個認識好幾年的男人，其實並不像外表看起

店貓：「哼！想靠近本喵，就得費心瞭解我的喵性子！」

來那樣又宅又無趣（露咖爹要哭了），反而是個細心又有趣的暖心地球人。

餵心臟病貓吃藥好暖心

要追女生或是想讓感情升溫，當然要策劃各種名目來要求約會，例如：吃飯、逛街、看電影、送禮物之類，但露咖爹很特別，竟然是約我一起去幫他朋友照顧一隻有心臟病的貓，需要連續幾天大老遠專程過去餵藥。我從來沒聽過這種約會要求，也對那隻有心臟病的貓貓感到心疼。總之，面對需要幫忙的事情，我沒想太多，立馬就答應去了。一進門我就興沖沖想知道貓咪在哪裡，但就是連個影都沒有看見。

「喵吉～喵吉～你在哪裡～」露咖爹叫了幾聲。

有點肥肥的身軀，緩緩從房間裡探出頭來，那是一隻穩重的賓士貓，嘴邊有塊可愛的黑色斑塊，像鬍子一樣，真的是隻超級可愛的賓士貓啊！

我看著露咖爹把喵吉抱到床上，熟練地摸摸頭、拍拍屁股伺候幾下，安撫安撫、騙騙感情，然後以迅雷不及掩耳的速度打開貓嘴，用餵藥器「啵」的一聲，把藥彈發射進去，然後再用針管一秒不差地餵水，他輕柔按摩著喵吉的喉嚨，好讓貓乖乖把藥咕嚕

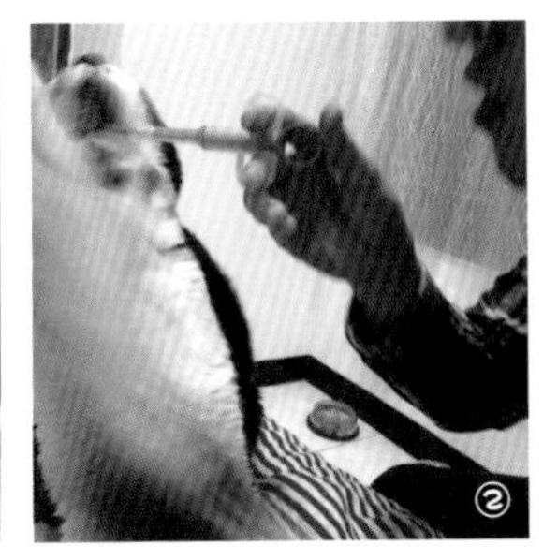
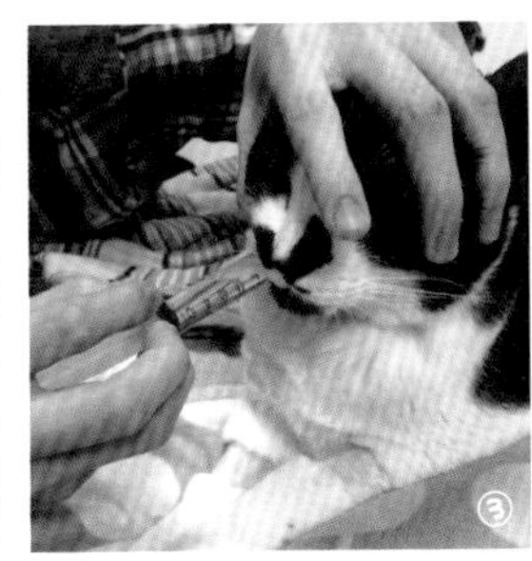

① 露咖佩：「喵吉～你好嗎？我們來餵你吃藥了～你好乖哦～」
② 喵吉：「啊啊啊～想幹嘛啊啊～」
③ 喵吉：「嗯？剛剛發生什麼事？（咕嚕）」
④ 我是喵吉！我讓露咖爹有機會在妹仔面前，展露什麼是「帥慘的男人」。

咕嚕吞下肚。

「餵好了！」露咖爹作勢放下餵藥器，我都還沒反應過來，因為整個餵藥過程不到五秒欸！

「這樣就好了？喵吉好乖哦～」

「是我技術好！」

雖然那當下我回了個大白眼，但我得承認，看見一個了解貓、愛護貓，動作輕快俐落又溫柔的男人這樣對待貓咪，真的很帥！那些欺負弱小生命的男人一點都不Man，尊重、愛護生命的男人，才真正展露了所謂的肩膀和愛，全世界的男人都應該如此吶！

人生中的第一隻貓，就這樣讓我的一切布滿白毛

養貓是一件需要被慎重思考的事，因為貓，絕對會徹底顛覆你原本自在卻單調無味的生活，包括即將充滿貓毛的衣櫥。

自從露咖爹的撩妹計謀達成後，我每天都想著，什麼時候才能和貓咪一起睡覺，什麼時候才能擁有萌萌的貓手貓腳讓我偷襲。想認養貓咪一起生活的念頭，一直在我心裡蠢蠢欲動。但露咖爹的事業越來越忙，我的工作量也不低，加上顧慮到自己的氣喘家族病史和過敏體質，我總是擔心自己思考得不夠完備。

每一份生命都是有重量的，儘管貓咪很可愛，但在還不夠了解貓咪習性之前，我不敢輕易決定要認養貓咪。所以，為了讓自己能多點信心，我索性直接去貓咪送養中心實習當起貓咪志工。除了可以陪貓咪玩，還能藉此學習如何照顧各種個性的貓咪，雖然

只要有吃的，就能摸到歪腰特有的柔軟白毛喔！

我沒有擔任志工太久，學到的只有皮毛而已，但那真的是個很棒的經驗。

從服務中，認識各種貓咪

在送養中心實習的時候，我遇過兇貓，也遇過看到人影就跑的害羞貓，這些貓咪都需要時間多和地球人相處，才有機會讓他們遇見未來的家人。

當貓咪志工雖然辛苦，但真的很有趣。我推薦家裡不准養貓，又很想為貓咪做些什麼的學生或社會新鮮人去當貓咪志工，因為志工團裡的每個人都很愛貓，也需要詳細記錄、交接每隻貓咪的排便、健康和飲食狀況，貓經聊都聊不完！尤其是提到某些特殊的貓孩子，大家都是笑著在說那些令人苦惱的事，經常一起聊貓聊到天荒地老！

當貓咪志工是需要排班的，不同的協會單位，也都有不同的規定，有的時候若是遇到和自己一樣，都很怕兇貓的志工，就會一起發展出革命情感，攜手搏命、跟兇貓鬥智、保護彼此，然後想著該怎麼讓兇貓獲得放風、遊玩的機會，又能安全無恙地回去自己的房間。現在回想起來，真的覺得很逗趣！

我有好幾次遇到可愛的待認養貓咪，雖然表面看起來淡定，但其實心中就像火山爆發一樣，很想直接衝上去問負責的志工：「能不能夠讓我認養！」

但我終究覺得自己還沒準備好，只好按耐著火熱的心，多看看那些跟貓有關的知識和文章，告訴自己，還是要等各方面都準備好了，再來認養貓咪。

剛來露咖家的歪腰，正在適應這裡，我偷偷從門縫觀察歪腰，看他很自在的在理毛發呆。

第一天來到露咖家的歪腰，探頭探腦，真的很可愛！

歪腰小時候超像糟老頭，歪腰的奶娘說，歪腰大概每天都在皺眉頭思考他的髮型該如何帥帥 XD
跟以前自己印象中高傲又冷酷的貓，差別超大！

準備好了，就衝吧！

有天晚上我和露咖爹聊到，所謂的「準備好養貓」可能會是什麼時候？

「你覺得我們什麼時候認養貓會比較好，結婚之後嗎？」

「都可以啊！結婚之後妳會想馬上生小孩嗎？」

「這不是想要生，就會有的吧？」

「但如果有了，就要同時照看小孩和貓咪，剛認養回來也要花比較多精力適應和照顧。」

「而且剛出生的小孩需求很高，我怕我顧不來，至少要等上幼稚園吧……」我細數著。

「那這樣可能要再等個五、六年吼？」這句話，感覺露咖爹說得別有居心。

「……」空氣中飄散出一股不甘願的沉默。

人生到了一個階段，要考量的東西很多，和露咖爹一起掐指算算，結婚、生小孩、再等小孩長得夠大，這一等，可能要六年以上，才會有那種我們所說的游刃有餘，但這不免讓我們覺得，也太久了吧！就在那天晚上，我們突然覺得不想等了，經濟、時間、環境，我們其實都算準備好了，我們想要和貓一起工作、一起展開新生活！

送養會上的歪腰，已經能用嘴邊肉電暈在場的許多貓奴了！

認養貓咪的管道有很多，比方說：

- 各地區的收容所
- 網路上的中途愛爸、愛媽
- 一些專門送養貓咪的團體、協會
- 不定期舉辦的送養活動

貓奴小筆記

如果想取得更多詳細的認養貓咪資訊，可以到「露咖家貓系生活」部落格中，搜尋「認養貓咪」。露咖佩佩不定時會更新上面的認養貓咪管道，以及捐助公益的活動資訊哦！

【露咖佩佩的部落格】

後來，我們參加了一場貓咪送養的活動，在現場直接和志工聊聊每隻貓的個性，適不適合當時家裡有養狗、又是養貓新手的我們。然後，菲比（也就是歪腰）就這樣出現在我們眼前。

在送養會上看到歪腰的時候，就覺得他的白毛好柔軟、好可愛哦！而且，歪腰的個性大剌剌，是有機會可以和狗狗同居又井水不犯河水的貓。我左思右想了好久，即將認養第一隻貓，讓我既期待又害怕。最後，經過一連串志工的家訪、線上教育、門戶安全措施的準備、必備用品採買，歪腰終於由一群愛他的貓咪志工，送到了露咖家囉！

期待已久的這天，充滿感謝

經過志工們一陣子的費心教導，我很快就能夠粗略上手，正式成為了一位「新手貓奴」！我們給歪腰一間專屬的小房間，放妥了水、食物和玩具，他很快就適應小房間，在裡面睡得很舒服，而我就不時進去裡面坐著滑手機、摺衣服（還有偷偷看他），我不會太快就靠近歪腰，只是想讓他有機會能觀察我，知道一下：「這位奴才無害啦！」等到歪腰完全適應了整個小房間，我就把房間門打開，讓他自己決定什麼時候要出來探索整個家。我花了很多時間幫柯基扭寶系統減敏感，因為扭寶對歪腰實在是太好奇、太興奮了！

選擇一個適合的時機，我會把歪腰專屬小房間的門打開，並且先讓扭寶待在不會和歪腰直接碰到面的空間。我當時就坐在工作室裡面偷看，因為我覺得歪腰已經快要準備好踏出房門了，終於，被我捕捉到他主動走出來的那一刻！

手奶貓要存活下來並且健康長大，不是件容易的事，我很感謝貓咪送養中心的志工們，因為有他們單純愛貓的心，花費時間精力來親身照顧貓咪，並且舉辦了貓咪送養活動，我才能有和歪腰相遇的這一天。我本來什麼都不懂，該給貓吃什麼、睡哪裡、用什麼外出籠、家裡做哪些安全防護，全都沒有概念。但志工們願意不厭其煩教我、分享資訊給我（在教我之前，他們也是這樣對所有的認養人），我才知道該怎麼給貓更安全的生活環境、更健康的照顧方式，所以我真的很謝謝他們。

初次踏出房門的歪腰！恭賀喔！

歪腰：「現在只准讓妳看這邊！哼哼！」

時間彷彿靜止，你們的睡臉

治癒系的貓貓魔法

歪腰：「馬麻工作加油⋯⋯」

不知道從什麼時候開始，三貓的睡臉，就像是種治癒系的貓貓魔法一樣，在我覺得日子煩悶又充滿疲憊的時候，「星拎星拎」的讓時間彷彿靜止下來，那些紛擾的事和受傷的心，都能因為這個貓貓魔法而暫時煙消雲散，好像一切都再也與我無關。能在忙碌的生活中看著貓咪的睡臉，儘管事情不會馬上迎刃而解，卻也能夠讓心重新歸零，準備再次出發！

除此之外，我也非常推薦在工作室和大家一起好好地養幾隻貓！因為我和露咖爹每當任務卡關或沒有靈感的時候，就會轉身看看三貓熟睡的療癒模樣、摸摸他們溫熱起伏的毛茸茸身軀，好幾次就這樣，消失的靈感真的又通通回來報到啦！

金爺沉靜的睡臉，讓我捨不得抽衛生紙吵醒他。

無論是晴是雨的午後，去搔搔三貓剛睡醒的頭，就是我最喜歡的貓系日常。

體悟什麼叫「命定貓」的那天

人有「一見鍾情」，貓也有「非你不可」。當遇到了命定中的貓，互望的那一瞬間，似乎就像偌大的世界裡，只有你們能擁有彼此。

儘管很多人說，有了一隻貓，你很快就會有第二隻貓，接著又會覺得再養第三隻好像也沒差……但我那天真的只是想去貓咪中途咖啡廳吃吃東西、看看貓咪而已，然後我也「恰巧」在店家的臉書上，看到一隻非常可愛的虎斑貓。我還記得，那天是個天氣晴朗、風和日麗的美好日子！

那是一間有貓咪玻璃屋的貓咪中途咖啡廳，裡面的貓，雖然看起來瘦弱又小小的，精力卻非常旺盛。我一邊吃鬆餅，一邊瞧著我在臉書上看到的那隻虎斑貓，那天他也剛好在玻璃屋裡，我心裡想著，到底要不要去看看他——既然都來了，那就進去跟他們玩一下也無妨吧？又或者幫忙多拍幾張宣傳美照，也很不賴呀！

「我去玻璃屋裡看看那些貓哦！」點完餐、填飽肚子，我跟露咖爹說了一聲，身體很自然地偷偷往玻璃屋裡移動。

裡面有三、四隻貓，有的比較怕生，躲在角落裡用怯懦的眼神盯著我，深怕我是不是要對他們伸出鹹豬手，我看氣氛不對，只好拿出歪腰爹教我的「逗貓大全必勝法則——若隱若現法」，果然立馬全部上鉤！我就像在「貓奴的樂園」裡，在玻璃屋內跟這些六個月大的貓咪玩在一起，而那隻我在臉書上「恰巧」看見的虎斑貓，卻不像別隻貓咪一樣，只想要追逐我的逗貓棒，而是直接了當、肆無忌憚地窩到我的大腿上！

「呼嚕嚕——呼嚕嚕——呼嚕嚕——呼嚕嚕——」

「你也太不矜持了吧？」我笑著對初次見面，就抱著我的腿瘋狂呼嚕的虎斑貓說。他用那雙水汪汪的眼神凝視著我，我也一直默默地看著他小小又毛茸茸的身軀，因為難得有美貓會巴著我的腿，所以我就像是被封印了一樣，身體動彈不得！

這張照片非常珍貴，就是我和 ANIKI 深情對望的那段初遇時光。然後 ANIKI 的同胎手足也在我身上爬來爬去，一整個超療癒！

我就這樣放任自己，和他這樣深情對望了好一段時間。

我在心裡問他：「你是不是喜歡我？還是你肚子餓了？你是不是知道我會來看你呀？你怎麼這麼可愛呢？你是不是想用你的可愛收買我？我家已經有一隻貓了欸！你是不是想要跟我回家呀？」

當天，我竟然就在離開咖啡廳前，填寫了有意願認養這隻虎斑貓的申請書！因為他水汪汪又呆愣愣看著我的眼神、加上巴著我大腿的模樣，我真的永遠都忘不了，原來所謂的命定貓，就是這種感覺！

我聽說過自來貓，就是自己出現在你家門口喵一聲，示意要你收編他、照顧他一輩子的貓。我不是個相信一見鍾情的人，但若有天我們遇到了那樣的貓，又或者是像ANIKI這樣一臉非你不可的貓，就算再窮困潦倒，也要如貓所願，把他留在身邊，好好疼、好好愛，然後努力給他安穩健康的生活。

初次見面，網帥熱烈歡迎！

確認能夠認養ANIKI、跑完認養流程之後，我就帶ANIKI到事先約好的獸醫院，在回家前，先給獸醫師好好把個脈，畢竟家裡已有了歪腰，「隔離並漸進式認識彼此」是同時保護新、舊貓的一個方法，因為我們不知道新貓的健康狀況，也擔心舊貓除了健康受到影響外，如果太快出現地盤和奴才被侵占的事件發生，舊貓心情鐵定會不爽。而且隔離搭配漸進式認識的方法，能先避免發生不好的互動經驗，讓彼此只留下美好的印象。

ANIKI是隻粗線條又怕生的大貓，看著他對來訪的朋友和修水管的阿北，總是躲到只剩一顆屁股，我總不由得想起了「被命定」的那天。

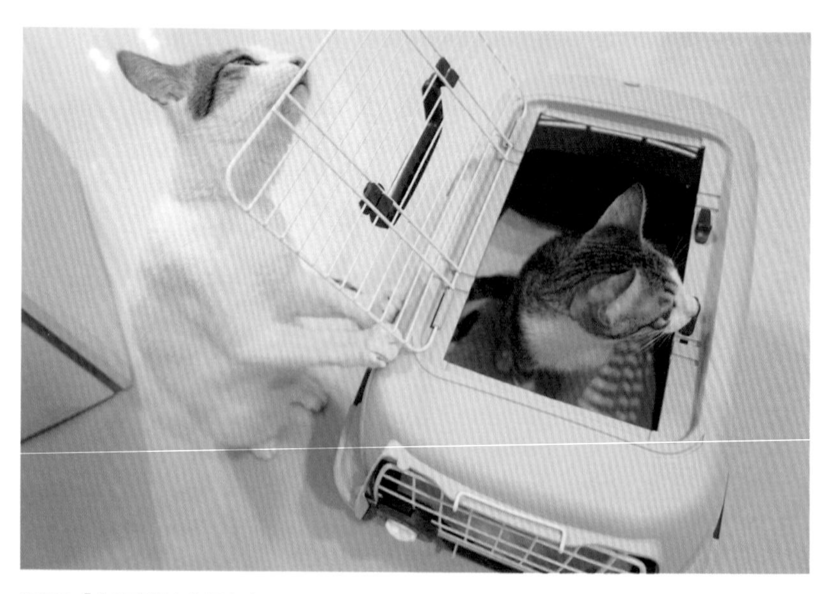

歪腰：「你粗來啊！你粗來嘛～」
ANIKI：「金罵挖細底哩豆味啊？」（台語：現在我是在哪裡啊？）

ANIKI：「就叫你賣勾來啊！！（出掌）」（台語：就叫你別再來啊！）
（請關注歪腰的表情哈哈哈哈！我也已經勸過歪腰別太熱情了，實在沒辦法。）

金爺的踏踏認證

只要你願意，每隻貓都會是個驚喜包，因為貓的本質就是如此，而我們也幾乎愛上了這不按理出牌的任性……

養貓之前，我不太知道貓出現什麼樣的動作或行為，代表他喜歡你、想親近你，就連「踏踏」是多麼恩寵的一件事，我也不知道。所以，我當然就沒有肖想過，能有被貓咪踏踏的這一天，會降臨在我身上！

ANIKI和金爺是差不多時間收編入戶的，會去明志貓貓俱樂部，單純是我覺得有一個地方能受到家長和老師的支持，在學校中讓孩子們學習到服務精神和生命教育，所以我一直都很想去看看！

明志貓貓俱樂部裡有很多貓咪，有幼貓、成貓、病貓、兇貓、不親人的貓、殘缺的貓，還有尿布貓，每一隻貓都能獲得老師和學生們的照顧，雖然忙碌辛苦，有時也會遇上物資缺乏的難關，但學生們的臉上，都是掛著笑容。而且當我看到尿布貓包著尿布在裡頭奔馳著開運動會時，才發現原來尿布貓能這麼可愛！而現場有很多不親人的貓也已經被一些家長預定認養了，問了老師才知道，原來有很多愛貓的資深貓奴，都會想要挑戰認養兇貓和不親人的貓。

金爺：「喵！看到金爺還不奉上罐罐！」

貓奴小筆記

【明志貓貓俱樂部】

「明志貓貓俱樂部～喵！」是一間由老師領頭，結合學生服務的送養貓咪社團，因為有了學校和家長的支持，讓尊重生命和服務精神能在教育中實現，讓愛可以在照顧貓咪的過程中流動，是露咖佩佩很想向大家分享、認識的好地方！

神經兮兮的小可愛

我聽老師說，原本想認養金爺的家長，似乎沒有要來領他，當下我覺得跟金爺互動起來很對味，於是就決定過幾天要帶他回家。照著認養程序走，我帶著才兩個月左右大的金爺去給醫生北北檢查，兩隻渲染著幼貓專屬的藍色眼珠子，怯生生地看著我，稚氣卻又充滿著對這個世界的好奇。

「嗯！很健康哦！以後有機會變巨貓，這是橘貓的基因！」獸醫師的手遊走在怯懦懦的金爺身上，仔細檢查，嘴裡還唸唸有詞。

「目前肚子裡看起來是沒有奇怪的東

金爺：「幹嘛？你想幹嘛？你再過來我就要叫囉！」

西，很健康，可以先驅蟲，然後那個眼睛和鼻子吼，看起來有貓皰疹的問題，可以補充點離胺酸，等好了就可以不用再吃了。」

「可以洗澡嗎？」金爺身上油臭臭的，我忍不住問。

「也可以，或先給他一個紙箱，點藥觀察適應一陣子後再洗吧！」

身為新手貓奴，我不停地用手機打字做筆記，然後雀躍地把小小的金爺帶回家。

因為金爺是小貓，擔心他的身體狀況不穩定，所以每四個小時就要放飯和觀察活力一次，我一邊拌著水和罐罐、一邊看著眼前小小身軀的金爺，莫名其妙會自己玩到炸毛，真是搞不懂這隻屁貓在想什麼。把金爺和哥哥們分開照顧，其實很花時間和精神，而金爺也就此悄悄地開啟了我的「屁貓驚喜包之旅」！

金爺雖然算是可以被抱到的貓，但如果花心思去觀察他被抱的樣子，就會發現其實他「並不享受被抱」，比較像是不知所措地僵在我的手臂窩裡。有時候抱到一半，就會自己跳走躲起來，看到我的手腳會像見到怪物一樣，竄逃後還露出兩隻神經兮兮的小眼睛。如果想去摸摸金爺瘦弱的小小身軀，碰到的地方會像液體一般，碰到哪、融化到哪。那時候的我，難免會因為不被金爺寵幸而傷心，但卻又覺得這屁貓神經兮兮的也很可愛。（真是貓癡阿！）

意外獲得的踏踏認證！

金爺四個月大的時候，只有在我去廚房準備放飯時，才比較願意出來見我、對我喵喵叫，其餘的時間，我和露咖爹幾乎沒什麼機會能看到他，更別說想摸上幾把。後來我想，如果他不喜歡被摸或被抱，只要看到我不會太過害怕、健健康康的長大，也很好啊！反正，金爺和其他貓也都處得很好，他開心就好。

我和金爺就這樣相見如「冰」的過了三個多月。

直到有一天，我發現我可以在「同一個空間裡」經常看到金爺，然後他也開始「不經意地」輕輕靠在我的手邊、或是在離我很近的地方睡覺。身為貓奴，當然會忍不住想去偷摸幾把，私心想伺候一下下巴、尾巴，甚至來個頭頂抓抓，如果伺候得好，找到金爺喜歡的部位在哪，或許以後就能被翻牌寵幸呢！

後來金爺甚至會經過我的身體，到櫃子上看風景，讓我成為他願意踏上的路線之一。這實是太美妙了，老實說，能有這樣的時光，對我來說已經非常滿足！畢竟金爺剛收編回來的時候，並不像 ANIKI 那般命定，也不像歪腰那樣對我秒適應。

某天晚上睡覺前，我陪金爺在客廳的地板上玩貓草玩具，那是淡水喵仔間做的牛角麵包，非常耐咬，金爺和歪腰都很喜歡那顆麵包。金爺邊咬邊踢的時候，我伸出食指想要偷摸，他當然不願意讓我摸，但是……他卻邊咬貓草玩具、邊發出「呼嚕呼嚕」的聲音，接著側躺下來，出現了「對著空氣踏踏」的動作！

「金爺會踏踏欸！他對空氣踏踏了！」我高興得對著露咖爹吶喊。

「也太可愛了吧！」露咖爹躲在門後，偷偷看著正在對空氣踏踏的金爺。

距離收編金爺回來六個多月的這一天，是個平淡又風和日麗的週末下午。我一口氣做完累積多日的家事，癱倒在沙發上休息，心裡只想著好累、全身痠痛。然後，金爺小小瘦瘦的身軀，就這樣默默爬到我的肚子上，獻上了第一次的「金爺肉球踏踏」！

溫暖的肉球，配著金爺的呼嚕嚕聲，規律地在我的肥肚子上左按按、右按按。看著金爺的饅頭，踩在我的肥肉上，我安安靜靜地享受被金爺「踏踏認證」的榮耀時刻！

你問我「被踏踏的心情」是什麼？會很平靜、很滿足、很感動，甚至可以說是感恩啊！那是就算尿急、膀胱快炸掉也會忍住的時刻吶！（愈講愈激動）

金爺節奏感十足的呼嚕嚕踩踏，是我就算尿急也不會起身上廁所的封印魔法！

每隻貓都是個驚喜包，不管是幼貓還是成貓，只要用愛灌溉，他們就會用另外一種他想要的方式回應你的愛。收編ANIKI的時候，他已經六、七個月大，養著養著，一歲過後的某日，我意外發現ANIKI也會踏踏，只是頻率不像金爺那麼頻繁。

據說貓咪的踏踏，意味著把我們視為媽媽，因為踏踏就像是未離乳的小貓咪，在喝奶的時候，踩踏著母貓的ㄋㄟㄋㄟ，讓乳汁順利分泌出來。

二零一六年的時候，我在Ptt貓版上，看到有奴才發了一篇「認養了一個月的貓咪還是很怕人」的文章，於是我也把自己和金爺的故事分享給他，鼓勵他再多給自己和貓貓一些時間。雖然，我們都不知道眼前的這隻貓，什麼時候才會願意再多接納我們一點，但那也無妨，就再多給彼此一些時間和空間吧！金爺從願意讓我看看、輕輕靠在我手邊，到願意睡在我的身旁、讓我有機會可以摸摸他，最後還給了我愛的踏踏，我覺得，這就是時間給我們最好的禮物！

Ps.就算你的貓像歪腰一樣，沒有給你踏踏，但他也是很愛你的哦！（笑）

喜歡你們會出現的每個角落

貓所到之處，都是最好的風景

歪腰：「這位太太！你多久沒炒菜啦？」

因為生活忙碌，原本愛做菜的我變得少進廚房。直到養貓後才發生的有趣現象，就是進出廚房的唯一理由──是為了幫三貓備罐罐。就算真要進廚房炒幾樣簡單的家常菜，心裡也不如以往那般優閒，只覺得要飛快炒完、速速上菜、手刀收拾，才能夠安頓好全家、早點休息。

但湯鍋上的歪腰可不這麼想。

他大概希望我可以慢慢洗菜、享受下廚的樂趣，更重要的是，在炎炎夏日裡，能讓他在「鍋裡」多享受一陣子的冰涼，在我還沒開火之前……

金爺：「哥！你看這好涼阿～」露咖佩：「是要不要讓人炒菜呀？」

我們家就只有我和露咖爹兩個人，沉靜靜的家，常常因為三貓而熱鬧起來。

原本打算丟棄的物品，因三貓喜歡而留下；原本再尋常不過的家具擺設，因三貓的姿態而增添色彩。一景一物一色，只要配上貓咪身軀上的每分線條，就足以讓我看上一個晌午。

原本單調無趣的畫面，卻因為三貓的身影讓我百看不膩～

收到包裹後的例行動作，就是替外箱打個分數：外表乾淨、膠帶可撕除、油墨也不多，給個八十分吧！放到地上讓三貓玩爛了再丟。

在家摸著貓逛網拍，變成一種最喜歡的消遣。然後收到包裹之後，人與貓一起熱鬧開箱！

露咖三貓與全家

每隻貓有其個性，對待其他的同居貓和同居人，也有自己一套獨特的相處方式。了解每隻貓在家中的互動關係模式，也是身為貓奴的樂趣之一！

有人說貓咪有階級之分，也有貓咪行為諮商師說其實沒有這回事。或許貓咪之間的相處方式，就是來自平常的互動經驗，但時而淡然、時而暴怒的歪腰大哥，究竟都是怎麼跟弟弟們互動？貓與意外報到的新奴才，還有不愛貓咪的露咖阿嬤，彼此是怎麼演變成相看兩不厭的呢？露咖貓貓家，鬧哄哄，這篇就來跟大家私心分曉囉！

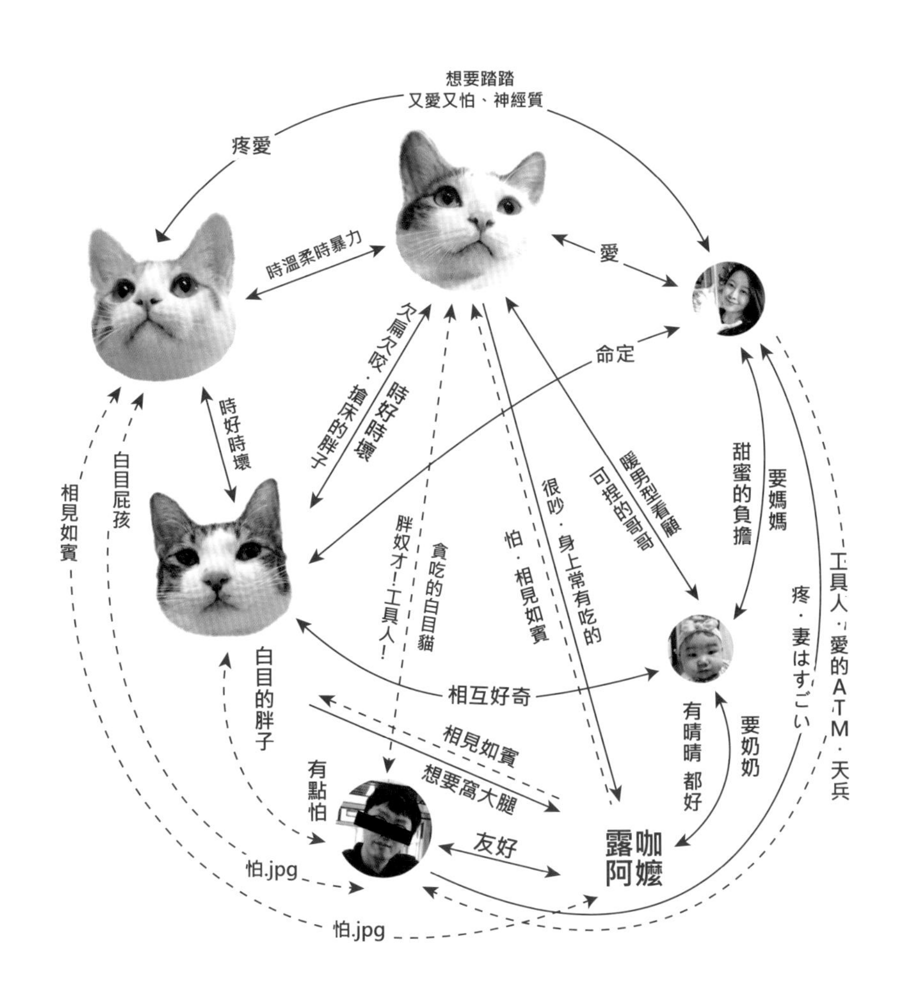

想要踏踏
又愛又怕、神經質
疼愛
時溫柔時暴力
愛
命定
欠扁欠咬．搶床的胖子
時好時壞
時好時壞
暖男型看顧
可捏的哥哥
甜蜜的負擔
要媽媽
相見如賓
白目屁孩
胖奴才！工具人！
貪吃的白目貓
怕．相見如賓
很吵．身上常有吃的
工具人．愛的ATM．天兵
疼．妻はすごい
白目的胖子
相互好奇
相見如賓
想要窩大腿
有晴晴都好
要奶奶
有點怕
友好
露咖
阿嬤
怕.jpg
怕.jpg

露咖一家社會關係圖

歪腰與弟弟們

歪腰基本上就是個大哥，第一個來到露咖家的他，似乎很自然地變成這樣，心情好的時候，對於胖子ANIKI跟他一起擠在睡床上，還算能忍耐，但如果心情不太爽快，可能就會一口咬下去。好家在觀察到目前為止，只是輕輕咬，或者是幾拳貓掌配上生氣的喵喵聲，像是在臭罵：「走開啦！這是我的床啦！」

歪腰對於弟弟們基本上都是這樣，但時不時又會睡在一起，由此可見，家裡提供的食物、水、貓抓板、砂盆和睡床等等的數量是否足夠，顯得非常重要！當然，我覺得歪腰大哥的心情爽不爽快，也是個很大的重點。

歪腰與露咖爹、阿嬤和小貓奴

露咖阿嬤基本上跟三貓都是保持距離的，但近期越來越有被三貓收服的趨勢！大部分的時間，露咖阿嬤都不喜歡歪腰靠近餐桌，但餐桌上的食物實在太誘人，所以週末全家吃飯的時候，都至少會有一人負責顧餐桌上的飯菜！

露咖爹很常拍歪腰，尤其是拍醜照。我叫歪腰，他一定至少會動動耳朵，不然就是會來蹭蹭我；露咖爹叫他的話，歪腰基本上是不太會理他的！誰叫露咖爹只會拍醜照！

歪腰是第一隻不怕小貓奴哭聲而近距離靠近的貓。平常的生活裡，歪腰真的就像個大哥哥一樣，遠遠看顧著小貓奴，偷玩嬰兒玩具逗得小貓奴開心、搖搖嬰兒床、偷看嬰兒床裡的小貓奴。跟ANIKI的好奇不一樣，是真的有在看顧的感覺，超暖男的吶！

要勸架三貓可不容易！要注意避免因為「勸架」而不小心增強了某些行為～還好獸醫師説，貓會睡在一起，就表示感情還不差，但「三貓打架」這件事，也更讓我重視三貓食衣住行上的「資源分配」問題，包含我身上的位置。

歪腰：「幹嘛～今天我開心！不能一起睡哦？ ANIKI 再胖，也依然是我的小弟呀！」
ANIKI：「誰胖啊……算了……」

ANIKI 與哥哥、弟弟

ANIKI 算是傻大胖吧！常常沒有考慮到自己體型大，在玩遊戲、吃東西或是睡覺的時候，不小心就會擠到別隻貓，很容易因此激怒到歪腰和金爺而被打（沒錯，金爺最小，但脾氣就是壞！）換個角度想，傻貓也有傻福啦～健康檢查結果中最健康的就是 ANIKI 了，我們都在猜，可能就是因為傻，所以對很多事都不會太焦躁不安。

ANIKI 與露咖爹、阿嬤和小貓奴

露咖阿嬤以前非常怕貓，所以在我養貓了之後，有一陣子都不來我家了。直到我的肚子裡有了小貓奴之後，加上我的姪女們也都很喜歡貓咪，所以才因此想突破障礙，常常跑來我家。

剛開始 ANIKI 一看到露咖阿嬤就被嚇翻了，躲到角落裡只露出個大屁股，但有天卻沒來由的窩到阿嬤的大腿上，那瞬間阿嬤也嚇到了，因為阿嬤很怕貓啊！一直到現在，阿嬤如果坐在沙發上休息，ANIKI 就會想過去「霸王硬要窩」，阿嬤有時候會給窩，

但看得出來，她怕得全身有點僵硬。

ANIKI很怕陌生人，但卻是比歪腰和金爺還願意接納其他「生物」的貓！小貓奴在自己玩或喝ㄋㄟㄋㄟ的時候，ANIKI就一副好奇臉，跑去偷聞小貓奴的頭或蜜大腿，也會願意在小貓奴的身邊「有段距離」地趴著，小貓奴第一個伸手去抓的貓，也是ANIKI哦～

金爺與哥哥們

金爺就是屁顛屁顛的，二零一八年年底開始，我發現他比較不敢跟哥哥們一同吃飯，以前我想，他可能是想讓哥哥們幫忙把濕食裡的水喝完，就可以直接吃到現成的肉肉，但今年因為帶小貓奴的關係，三貓變得比較常吃乾乾，我卻也因此發現，金爺是真的不敢跟哥哥們同步進食，而是會等哥哥們吃完了才過去吃。因為這樣，我會特別把碗拿到他想進食的其他地方，讓他在想吃的地方吃（真的是寵了）。金爺雖然最小，但平常對哥哥們的脾氣也是很大、態度不是很好，會動口動手的，據說橘貓的脾氣，就是「派」！（註：派，「壞」的台語發音。）

金爺與露咖爹、阿嬤和小貓奴

金爺除了跟我比較親以外，基本上不太願意靠近露咖家裡的任何人。尤其是當露咖爹走過去的時候，還是會變成液體狀貼地竄逃，抱也抱不太到。露咖阿嬤更不用說了，彼此就是相敬如賓的關係狀態，因為露咖阿嬤也不太會去抱貓，所以金爺對阿嬤的「怕」就沒那麼明顯。

平常金爺不太會近距離想接觸小貓奴，對小貓奴亂揮動的雙手、嗯嗯啊啊的叫聲，也是避之唯恐不及。不過金爺有個「阿母的味道」偏好，有時候會盡情在我的衣服中陶醉，如果擼到忘我的話，會暫時忽略身邊，而因此不小心近距離接觸小貓奴。

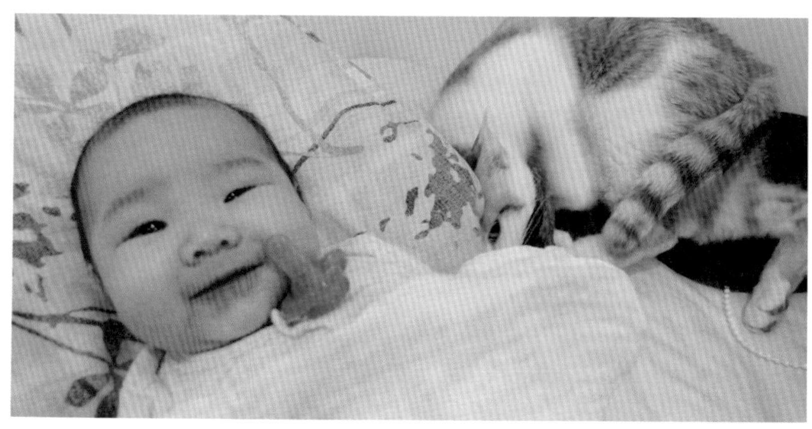

在享受「阿母的味道」的金爺，不知道小貓奴正在旁邊嘻嘻笑笑耶！

CHAPTER 2

貓：我的生活齒輪

貓就這樣悄悄地
為我的生活添上不可或缺的力量

愛的冒號起始點：接納

雖然人生不如意是十之八九，但渾然天成的貓咪卻真的存在——當我們用愛和包容，替他補成一百分。

寫部落格的這幾年，總會收到五花八門的各種留言。有的人來提問，有的人來道謝，有的人來抱怨，有的人來曬曬貓。最有印象的，就是有人來問我，他該如何愛著那隻總讓他心煩的貓？

其實我在剛認養歪腰回來的頭幾個月，對於「歪腰會吃布」這件事，也曾經感到壓力很大，我沒料想到，原來養貓所帶來的變動，有可能比養狗還來得大很多很多，原因是相較於狗狗需要的2D視角，貓更是無處不及、伸縮自如的3D空間！

歪腰看見喜歡的獵物（大部分是絨布），會趁我不注意的時候，把獵物（絨布玩具）叼走，在自己喜歡的地方默默啃咬。印象中，送養人也有對我說過，若真覺得非常頭痛，可以把歪腰退回給她。但我完全不想這麼做，因為在決定要認養歪腰的那個 **moment**，我的心裡早已替他開了間大房間，而且，還不得任意退租。

ANIKI：「猴～馬麻剛買回來的心愛包包，又被歪腰葛格叼走嚕！」

嘿嘿！歪腰咬的第一塊衣服！就是我最愛的韓貨毛衣！灰常識貨！！

打破森氣氣的惡性循環

發現歪腰喜歡吃布之後，我變得容易對他生氣，會故意用很氣憤的語氣罵他，因為我想試著告訴他：「你這樣做我不喜歡」。但我發現這樣長久下來，我對他的態度其實都是負面的，生活在一起的氛圍也莫名變得好緊張，這樣的互動模式，真的不是我要的，就算心中想給歪腰更多的愛，也都是枉然。

因為當時自己還是個連初級都搭不上的新手貓奴，四處問、上網爬文，聽朋友說可以對貓噴水，或是突然捏寶特瓶，用聲音嚇歪腰，但那些方法都沒有用，因為歪腰終究會趁我不注意的時候，再去啃咬。而且我知道，嚇貓不僅會破壞關係，問題行為的狀況，也可能會變得更複雜和難以收拾。

後來我在忙碌的生活中，特意挪出了幾個週末，讓自己把所有的布料、衣物全都整理一遍，收好、放好、鎖好，讓歪腰沒有機會去碰觸到那些衣物。接著，我開始企圖了解「異食癖」的原因，有講座就聽、有書就撥空看，就是希望能再多了解歪腰為什麼要吃布，到底能不能改善這個問題行為？

歪腰：「幹嘛？還不快帶我去看醫生北北！」

適時求助於專科醫師吧！

我花了好一段時間在網路上爬文，才發現原來貓咪也有行為有專科醫師可以諮詢。然後，我手刀完成預約和面談前的功課，告訴歪腰，因為怕你以後越吃越嚴重，我決定要帶你去看醫生了！

聽林子軒醫師說著貓咪異食癖的可能成因，接著確認歪腰生理上的各種血液電解質，有沒有特別缺乏哪一種之類的。我猜想那大概就像人的大腦神經傳導物質，也會影響人類行為的道理吧？總之，林醫師了解了我們家貓砂盆、吃飯、喝水等等的位置配置圖，還有平常觀察互動的方式，給了我幾個方向去思考，也告訴我，幸好我帶了歪腰來諮詢。因為若是我們放任自己的貓，持續沉浸在異食癖的問題行為裡，隨著習慣的養成、時間的推移、貓咪的年紀增大，這一切除了越難改善以外，未來還可能會擴展「吃的材質」，也就是「異食癖的種類或內容」。光聽，我就覺得可怕！

聽了林醫師的話，執行他交代給我的任務，持續幾週之後，歪腰吃布的次數確實有減少很多，也沒有擴展成「其他材質也想吃」的狀況。唯獨對於吃「絨布」這種材質的娃娃、毛毯或抱枕，依舊沒有改善，逢見必啃。但很奇怪的是，雖然我還是對這件事很頭痛，但我的心，卻不再那麼徬徨、氣憤和擔心。

你不需要是一隻一百分的完美貓咪

養貓之前，我常常夢想能在早晨被貓掌萌醒（但事實上，養貓後是天天被嚎叫叫醒），而我仍然抱著「歪腰能完全好轉」的一絲希望，偷偷期待著某天開始能帶著歪腰進房，和我一起睡、一起醒。直到有天我才發現，如果我依然期待歪腰能完全改善，我就會想安排時間偷偷測試：歪腰會不會吃牛仔布？會吃只有我的味道的衣服、還是所有的人的衣服都吃？有沒有又開始吃其他布料？現在放絨布給他，會不會又忍不住要吃？

我不經意給了自己壓力，更是不小心也給了歪腰壓力！

後來，歪腰的送養單位知道我還是在煩惱這件事，就幫我介紹了一位寵物溝通師。因為我以前受的訓練是諮商會談和認知行為訓練，所以對寵物溝通師，我也沒有抱太大的希望。

「就當作是參考吧！」我心裡是這樣想的。

結果，溝通師卻跟我說：「歪腰就是愛這口感呀！」這一句話啪的一聲打在我心上，然後，我竟然笑了出來，甚至還覺得自己可以接受這件事實！難怪有時候諮商心理師或社會工作師的話，個案都聽不進去，之後去找專業的占星師算一算，才真正願意改變作法！

從那次之後，我再也不管歪腰會不會又去咬什麼材質的布。我愛歪腰，我也就愛著「喜歡這種口感」的歪腰，只要他的狀況，因為尋求了專業諮詢後沒有惡化，我也不因此而困擾，那就不需要將他改變到百分之百的完美狀態。我想接受這樣的他，我告訴自己，我只要把會被歪腰啃食的東西都收好，給他能玩得開心又健康的玩具，並且接納他、陪伴他，那就好啦！

雖然沒辦法和貓一起睡覺，但那又如何呢？歪腰會吃布，那我就把所有的布料，通通收在沒辦法被打開的地方；歪腰超愛吃絨布，那我就忍住別買絨布材質的可愛物品呀！我和三貓正用著最適合我們方式，和平、滿足的一起生活，是專屬於我們的、別人無法複製的貓系生活。

要接納歪腰的異食癖問題，不是件容易的事，除了要認知到「問題行為」存在的事實、要諮詢專業貓咪行為醫師或專業訓練師的意見，同時，也要調整自己的心態：「貓沒辦法改變，那就改變自己」，調整自己的方式、調整這個家的環境，讓這個環境變成我和三貓都能自在生活的一個「家」。

也許認養貓就像談場不輕易說分手的戀愛。需要認識、需要磨合、需要接納、需要愛的經營，當我們真正認知到什麼是「接納」，懷抱眼前這隻貓原始的樣貌，愛的冒號起始點：才能夠真正由此開始。

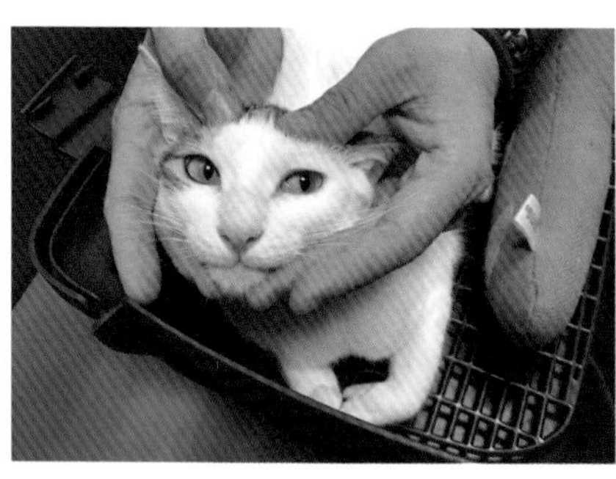

歪腰：「幹嘛幹嘛～」

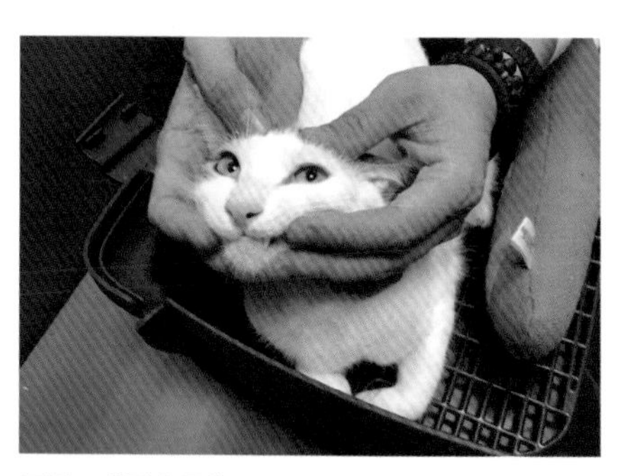

歪腰：「到底是誰啊啊啊！？」

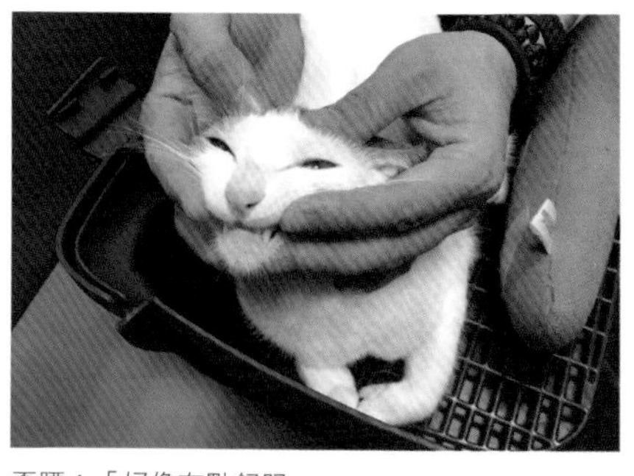

歪腰：「好像有點舒服……」

收服三貓的絨布貓床

歪腰吃布癖好的後續追蹤

金爺：「臭老哥亂吃，害我沒得踏！」

事隔幾年後，我不小心被日本 idogicat 的這款貓床萌到，忍不住就下單送到家中。觸感很好，歪腰喜歡、ANIKI 喜歡，金爺甚至會上去踏踏。

大部分的時間，都是歪腰在睡。我一直在觀察這款貓床能夠撐多久才會「退役」，我每天都會去看看外觀、看看內裏，很特別的是，這床竟然也撐過了一個禮拜！如果是以前，頭一天大概就被啃食得稀巴爛了！

但是好景不常。有天我坐在客廳看著三貓賞鳥的時候，好奇地翻開這款貓睡床，才發現「命案」早就發生！洞已經破到我想縫補也沒有辦法的大小。我們在猜，可能是曾經有幾天不小心讓歪腰餓到了，所以他忍不住跑去啃這款貓床，以示抗議！

那幾個晚上，我還在歪腰的晚餐特意多加了幾滴橄欖油，希望能幫助他排出絨毛布料，也帶歪腰去給獸醫師檢查檢查，雖然看起來一切正常，依然是個專業吃貨，食欲相當好，精神和內臟摸起來也沒什麼大礙，醫生說有可能早就被排出了，但我還是默默告訴自己，真的不能再入手「絨毛材質」的東西回來給三貓了。

歪腰：「嗯嗯……很舒服ㄉㄟ斯～」

每日隊形

三貓每天的神奇隊形

家中的神奇景象！睡到歪的三貓貓堆也是我好愛看的畫面～

露咖家三貓不管是集體想黏我，還是企圖一同討債要罐罐，可能因為從小就感情好的關係，所以經常出現特殊的貓貓隊形，這是多貓家庭的特別福利，也就是所謂的「貓陣」。

冬天的時候會特別頻繁出現，三貓通通擠在一起睡覺或發呆，出現每天都不一樣的「貓堆隊形」，讓我的心都被融化！

這個八卦貓貓陣很可以！中間的貓味好濃郁哦！（鼻孔吸）

等馬麻下班隊形。

還有一次是在下班回家的時候，我一開門便意外看到沙發上的三貓，出現奇異的特殊隊型！我怕隊形跑掉，所以不管什麼畫質好不好，趕快把手機拿出來拉近拍照，才補捉到這奇怪的三貓隊型！但說也奇怪，後來過了幾天，我在同一個時間又捕捉到三貓在同一個地點擺出「貓貓特攻隊」的奇異隊形！同樣的傍晚時間、同樣的位置，莫非是在召喚什麼嗎？

貓貓特攻隊！！組合～

都是因為貓

「貓」成了我們生活中的隱形橋梁，無論是因為貓而打開的心防，還是空空的荷包、填滿旅程的名目……

出不了門的週末、出不了門的下班後。原本就很宅的邊緣人性格，自從養了貓後，變得更想和三貓宅在家。

邊整理家務，邊看著三貓紛紛站在貓跳台上看著我，雖然外頭的商家都休息了，但這樣的下班後時光，還是很令人滿足。和他們一起窩在沙發上，看書也好、看電視也好、安安靜靜想事情也好。

整場就你最吸睛！

但人終究是要踏出戶外，不然會長菇悶壞了，還是不太好。好幾次露咖爹和我說好了要在週末一起出去走走，卻總是沒辦法順利踏出門，後來我們才發現，最有動力的消遣，就是哪裡有貓，就往哪裡去！

外頭貓主子的誘惑

貓咪義賣、貓咪展覽、貓咪送養會、貓咪講座分享會……各式各樣的貓主題活動，讓我很想要每個都去逛逛。尤其是拼圖喵中途之家的貓咪瑜珈，就是我很愛向貓友們推薦的「貓主題」休閒活動之一喔！

拼圖喵之家的創辦人陳人祥，綽號叫燒賣，人很健談。我去上課的那天，他分享一隻名為「黑豹」的貓，靠自己從不完整的軀體中復原的歷程，告訴我們一件事：「會結束的，都不是最糟糕的事」。聽到這句話的時候，其實我的內心在翻滾，因為那時候的我，正在經歷其中。但有隻名為「台主」的貓，意圖使人無法專心，讓我瞬間破涕為笑。

貓奴除了伺候貓以外，還有個重要任務，就是同化地球人，讓地球上的貓奴越多越好，所以只要是「對貓還可以」的朋友，我都喜歡跟他們約在貓咪餐廳，無論是平日或假日，偷偷背著三貓去外頭拈花惹草，也是很棒的貓主題活動呢！

上完瑜珈課後，拼圖喵中途之家的「燒賣」，正在和大家分享在貓咪身上學到的事。

台灣的貓咪餐廳有很多種類型，有些會結合送養貓咪、舉辦活動講座。位於新北市板橋區的「貓欸」，就有結合送養貓咪，是我自己私心非常喜歡的一間貓咪餐廳哦！

雖然週末也可以選擇當個宅貓奴，無論是放空或是整理家務（好啦，我承認我是個很愛整理家務的人），都會因此覺得充滿能量！如果跟我一樣，老是覺得自己很難出門走走，也許為了貓，會更有動力出發吧！

看看那些貓的姿態、聽聽那些貓的故事，參與那些和貓有關的各類型活動，和那些因貓而相遇的人聊聊。因為貓，讓我們的生活和心靈，更加豐盛和有趣。

貓奴小筆記

露咖佩佩私心推薦的吸貓好去處！

【拼圖喵中途之家】

新北市永和區中興街10巷5弄30號1樓

02・2920・8829

【貓欸】

新北市板橋區文化路一段270巷3弄6號

02・8258・1127

橘美喵：「拍一張照要開一箱罐罐哦！」

一個動作，專注在呼吸裡。但有隻喵跑來身邊，誰還能專注啦！

貓，讓我們的冰點得以融化

我珍惜著生活中有貓的日子，那些有他們無條件伴著我的春夏秋冬。

我和大家的生活其實沒什麼兩樣，周旋在工作與家庭之間，難解的家庭問題與夫妻吵架，還有成為照顧長輩和養兒育女的夾心三明治熱壓吐司。

走在佈滿荊棘的路上，除了要有心態柔軟又幽默的能力，也很需要勇敢接納傷悲生氣的自己。如果要把人生比喻為打怪闖關，有貓在的貓奴，突破人生關卡的防禦力大概能加成不少吧。

不算進那些只是朋友的日子，露咖爹和我從交往到現在，大約有八年多的時間。所以，我們當然也吵過很多次架呀！有時候是真的火大、有時候是希望能獲得彼此的重視或是能促膝長談的機會，也有時候確實是拉不下臉、找不到機會來重修舊好。明明住在一起卻把對方當空氣的感覺，真的很難過下去。雖然我曾經和露咖爹約定好「不吵隔夜架」，但如果已經是連對方的臉也不想見的時候，想有個好的起手式來談談，顯得更困難了。

有次，我和露咖爹因為「交際應酬多」的事情吵得不可開交。那陣子的我們，幾乎是零互動，家裡也常凝結著一股低氣壓。除了打照面時會自動將對方預設成透明人，自顧自地繼續做著手邊的事以外，閃避眼神、躲避互動，就算問候一句「吃飽了嗎？」、「還在生氣嗎？」，對方也可能連一個字都不想回答，互動與關係都降到了一個冰點。

這是一種很差勁的吵架方式，俗稱「冷戰」。

我們曾經約定好幾個「吵架守則」：一、允許對方沉默二小時之後，要再嘗試找對方談。二、如果是晚上，不允許對方離開家中。三、不動手動腳、不人身攻擊，髒話是無效溝通，所以也禁止。

但那陣子我真的束手無策，所以就這樣持續冷戰了好幾天。直到有天，露咖爹在客廳沙發上說了一句：「歪腰這裡紅紅的。」

可惡！真的太可惡了！雖然現在覺得他很可惡，但當時的我並沒有這麼想，只是一股腦兒想湊過去看看歪腰怎麼了。

「哪裡？我怎麼都沒發現？」我看著露咖爹把歪腰抱在懷裡、翻看肚子的樣子，氣噗噗的心，竟然軟了一半！然後我們發現歪腰的左前臂有一小塊泛紅微凸的皮膚，沒有覆蓋上他專屬的柔軟毛髮。

「我猜是不是黴菌又復發了？上次醫生有給我一罐可以擦的。」我起身去翻找藥水，接著打開防舔的喇叭頭套，準備給歪腰戴上。這時候的少女漫畫，大概會畫上一種情節：「男主角把起身的女主角擁入懷裡，緊擁著對方說對不起」之類的畫面。

不過露咖爹沒那種浪漫，他只是抱著歪腰、呆呆坐在沙發上，等我拿藥水過來。

為了幫歪腰擦藥水、好好戴上頭套，我們必須合作、必須講話、必須肢體接觸。然後，露咖爹就趁這個機會，邊抱著歪腰、邊向我解釋前幾天到底發生什麼事，我的耳朵想關也關不了，最後他再趁機補了一句「我很抱歉」。我們「破冰」的原因，當然是感受到所謂「真心的抱歉」，但我想，歪腰的功勞可真不小！

貓就像家庭關係裡的潤滑劑，尤其是當家裡的每一位成員，都深深愛著貓的時候。

有時我們吵著吵著，ANIKI 就一臉「幹啥呢？」的樣子從我們眼前晃過；不然就是歪

金爺：「嗯？在吵什麼呀？看到我就不森氣氣了吧？」

腰餓了，喵喵催促著我們趕快放飯；有時明明準備要吵架、要火山爆發了，金爺卻在走廊邊晾肚肚……那種感覺，就好像是貓咪在提醒你：這裡是一個家，有什麼事情，不能為對方再多容忍一些嗎？

我和露咖爹的吵架日常，經常因為這樣的三貓，還沒吵起來，嘴角就先不小心失守。嘴笑了，心也不知不覺就軟了。養貓千日，用在今日，大概就是如此吧？所以我才說，選男人的話，選個「愛妳又愛貓的男人」吧！

因為貓，我們有了羈絆

我嫂嫂是個怕貓的人，但她對我的貓很友善，甚至願意認識三貓，我很高興我有這樣的嫂嫂，但他們長年在國外工作，我久久才能見到兩個小姪女一次，而我那時不太知道現在的小孩流行什麼，自然也不了解她們的喜好。有時候想跟孩子們聊天，卻覺得自己有點彆扭，還好孩子們都很單純，能接受我這樣繁忙又不了解她們的姑姑。

「不要！我怕！」大的怕貓，看到歪腰就縮手躲到我屁股後。

「沒關係，那妳先遠遠的看就好！」

「他是歪腰！那他是誰？」小的喜歡貓，指著 ANIKI 大聲問道。

「他是 ANIKI，妳看他現在縮在角落就是很害怕，所以我們不要去吵他。」

「姑姑說 ANIKI 害怕，那我們一起去找金爺！」

大的害怕不敢摸、小的好奇又不知道該如何接近貓，那天我護著一個唸大班、一個唸中班的小女孩的手，帶著她們給三貓認識，也引導著她們怎麼去接近三貓。

看貓看累了、聊貓聊乏了，我問她們：「我們來畫貓好不好？」

「我不會畫貓……」

「我也不會……」

聽到兩個小女孩嘴嘟嘟的這樣說，當然是要準備好紙筆，畫個範本讓她們試著畫畫看呀！

一邊畫，我心裡一邊想：一年就只見這一、二次，聚少離多，哥哥交遊廣闊，帶著嫂嫂和兩個姪女在外面認識的人也多，我和哥哥見面的時間少，我又不太了解現在的小孩子喜歡什麼，她們以後會不會漸漸就不記得我這個姑姑了？

結果你們知道嗎？

相隔的這一年裡，我沒有什麼機會能和她們視訊，但只要她們回到台灣與我見面時，就會各送我一幅貓咪的畫，吵著要來我家看三貓，而且看著三貓，每一隻的名字都還叫得出來。

她們說：「姑姑喜歡貓，我要畫貓送給她！」

我很容易滿足，光是這樣，我就能開心上好幾天。因為她們還記得我，也還記得我的貓。這些畫，我想一直好好留存著。

日子這樣過，因為貓，和孩子們有了連結，遠遠、輕輕地牽著。

雖然剛開始還不會畫貓，但每一年的貓都越來越有「貓的樣子」了。（笑）

相愛未必要相擁

儘管你的貓只願看著你，也不願讓你抱上一回，但有些愛卻正紮紮實實的存在著……

住在一起的日子長了，三貓和我也慢慢熟悉對方的愛好，就這樣靜靜生活著。我以為，歪腰應該不太需要我吧？阿金自己也可以過得很好吧？我以為，非要我不可的貓，只有ANIKI。

直到有天我才發現，原來，你們是這樣子在愛著我的。

ANIKI：「搶劫！還不快蹲下摸我一遍！」

像狗一樣的貓，有點窒息的愛

ANIKI 對我的愛是很窒息的（炫耀無誤），當然這對貓奴來說是求之不得的聖寵。不知道是不是因為命定的關係，所以當他找不到我的時候，他會出現以下這些情形：

「喵～～ㄠ～～嗚～～」

- 在客廳正中間唱歌。
- 打開家裡的每間房，巡屋。
- 在每間門口對著門把唱歌。
- 找尋阿母的身影。

如果被 ANIKI 發現我在哪，他就開始當起跟屁貓，並出現以下這些情形：

・在腳邊繞著、跟著走。
・巴著我，而且滿足前絕不放手。
・「ㄇㄧㄠˋ」一聲跳到我眼前。
・用屁股對著我，想被拍屁屁，滿意前不准停！
・一臉「快抱我」的表情。
・想窩大腿（找好位置，大屁股直接硬坐上來）。
・抱緊處理，引擎聲就會呼嚕呼嚕越催越大聲。

看ANIKI一臉想巴著我的樣子，我就很難離得開，這就是貓奴難以出門的原因之一吧？有時明明在忙，但二少爺要抱，就算噸位有點重，能不抱嗎？常常一抱ANIKI就超過十分鐘，被緊緊貼著的感覺雖然有點窒息，但我奴性堅強、樂得開心。

ANIKI 從小就是這樣。愛我的方式，很明白、很直接。而且，他只願這樣對我。

信任，所以只要輕柔的存在

金爺從小就比較碰不著，就算給了我「踏踏認證」，但一起生活的日子裡，除非他在這個 moment 就是想親近我，不然我也抱不到他。感覺像曖昧不明的戀人，若即若離，一下要、一下又不要，弄得我很難懂他到底是想要、還是不要？

但就算不抱抱，他也不會不高興或覺得痛苦，會自己跟蚊子或在地上滾的毛髮玩到炸毛，久久沒見到我，也不太會嚎叫或不開心，所以，我就想：也許我和金爺的日子會是這樣過下去吧？

我就靜靜坐著，如果金爺自己想要上來踩我的肥肚，就讓他自便！有時他心情好，會用很屁很小又有點破破的高音喵叫聲，來跟我ㄙㄞ奶，要我摸摸屁股、下巴或頭頂。除了這些時候，我幾乎不會主動去打擾金爺，雖然還是會有忍不住想去騷擾一下的時候！

也許是信任吧，金爺就這樣輕輕柔柔地存在在我身邊、而我也就輕輕柔柔地存在在他身邊，不用刷出很明顯的存在感，我總覺得這樣淡淡的就好。

金爺也只願這樣對我，因為到了今天，金爺依然一見露咖爹的影，就會神經兮兮地跑掉。

讓我看得見妳，因為我會想妳

相較 ANIKI 那種窒息式的愛，歪腰就很不一樣。比起巴著我的無尾熊 ANIKI，歪腰和金爺一樣，並不是隻很喜歡別人抱的貓，但和金爺不一樣的是，歪腰並不喜歡過多的撫摸。

「適可而止大概就是他的座右銘吧？」看到歪腰的時候，我心裡常會這麼想：「他不喜歡抱抱，也不喜歡摸摸。」所以當日子一忙起來，有時候我會忘記，歪腰其實也有他想要擁有的愛。

他就是要在看得到我的地方看著我，如果沒有在同一個空間裡，一整天下來，他會嗚嗷嗚叫、也會打弟弟們。但如果我們不那麼忙碌，讓歪腰有得黏一下、看一下，陪他玩一下，他就會好很多，不會再嚎叫。

仔細想想，歪腰以前其實很黏我，但就在我收編 ANIKI 和金爺之後，歪腰曾經有陣子變得不愛玩逗貓棒和摸下巴。我跟露咖爹還在想，他是不想在弟弟們面前破壞自己的形象嗎？我們都覺得歪腰變得很獨立、很懂事，因為他真的就像大哥哥一樣，會管弟弟們，不耍屁！但其實，歪腰還是有他想要的愛的方式。他也會想要撒嬌、想要偶爾的摸頭，但他不要整個身體都被抱住，就是只要一隻小饅頭搭著人就好！

三隻貓貓要三種愛

看著三貓在家裡自在的背影，我暗自慶幸自己能發覺到三貓各自愛我的方式，這樣，我也才能夠以每一個孩子想要的方式，去陪伴著他們。

以前的我並不知道，傻愣愣的以為，貓如果沒有黏著我，也許是沒有那麼需要我，但其實每隻貓貓想要的愛的方式不同，覺得舒服的距離也都不一樣。ANIKI 渴望的是緊緊相擁，金爺喜歡的是信任自在，而歪腰需要的是在同一個空間裡的真實陪伴。

什麼是真正「尊重」和「接納」？養了貓，更能理解其中的真諦，甚至比起以前的各

歪腰：「放我下來哦！」# 不悅

種方式，都來得更能體會到。雖然露咖爹總是揶揄我，說我給三貓的接納，大大比給他的多好多！

相愛未必要相擁，不喜歡被抱，那又如何呢？你的貓，也許比你想像中的更愛你。

關於吃飯——租租租租

就愛看你們乖乖吃、乖乖長大

露咖佩：「上菜囉～」

不知道從什麼時候開始，我愛上了看著三貓吃飯的時光。

無論是看到他們好想好想吃的可愛模樣，還是頂著健康柔順的毛茸茸身軀正在低頭猛吃，發出「租租租」的吃飯聲，讓我覺得超級療癒，不由得私心想為他們奉上營養好吃的一餐！

從開主食罐拌水準備、端肉肉上菜的路上、放飯開吃，一直到吃飽後的粉嫩肚欣賞時間，這整個替三貓「放飯」的過程對我來說，已經不是療癒這二個字能夠說得明白。

平常未必叫得來的歪腰，開罐的時候就特別黏人，金爺也會發出難得的嬌嗲叫聲。

「三貓的放飯租租租時間」，默默成了我「跟貓約會」的美好生活日常！

我經常在放飯之後，坐在三貓後面看著他們租租租，原因不外乎是背影真的好可愛，但更重要的是，要盯著看他們有沒有乖乖喝水、乖乖吃肉。畢竟多貓家庭很容易會有「別人的總是比較好吃」的狀況發生，金爺甚至還會出現「先不吃，等哥哥們幫我把水喝完，再去吃肉肉」的撿好康心態，真的有夠屁！

吃飯的時候，我有時候會偷偷去騷擾三貓的尾巴，雖然都沒貓理我，但我真的好愛這樣的分分秒秒 XD

三貓：「租租租……租租租……」＃低頭喝水猛吃貌

假日的早晨，被三貓喵起來放飯，有時候真的好想再多賴一下床，但捨不得貓餓肚子，心想著可以看著他們的吃吃背影，還是會趕快起身，奴性堅強啊！

我常常工作到三更半夜，為了讓三貓別太早叫全家起床，所以會在睡前多放一次宵夜。如果忙了一整天，腦袋還是不停打轉在想工作的事，身體容易放鬆不下來，這時候，來場「和貓咪的吃飯約會時光」，絕對是貓奴的充電首選！

看著三貓租租租的背影，能讓我的腦袋放空，演變成一種「貓奴專屬的睡前放鬆儀式」！

替三貓「變裝」吃肉肉，也是貓奴專屬的樂趣！歪腰不在乎變裝成任何動物，因為他只要有得吃就好；ANIKI和金爺則要看心情了，心情不好會不吃飯，所以還是乖乖幫他們把頭套拿掉啦！

ANIKI：「歪腰小白兔，你的份再給我多吃一口好不？」
歪腰：「你太胖了啦！」#猛吃

有貓的生活，才是生活

出了社會，工作完帶著滿滿的疲憊回家，是貓把我從生活的壓力中解放出來。

人生跌跌撞撞，莫名就走到了三字頭，一路追著有可能達成的人生目標跑，儘管有時疲憊或負了點傷，但還是會想辦法轉個念頭，讓自己能繼續往前走。從學生時代一直到出社會，為了得到自己的理想生活，我們也和大家一樣努力著。

歪腰：「等你下班等很久捏！」

工作狂更該好好養隻貓

雖然我熱愛工作，但露咖爹才是真正名副其實的工作狂，他投入在熱愛的領域裡，廢寢忘食，甚至到了能好幾週都不離開工作室的地步。因為他的工作時數很長，所以當我把自己的工作做完之後，有時候會孤單寂寞覺得冷，就黏著三貓，繼續寫些文章到深夜。

我們這樣的生活模式持續了五、六年，一直到現在也依然不變。老實說，不那麼青春的身體還真的會累，跟年輕時差很多，有時候如果太忙，回到家還會出現腦子停不下來、但身體已疲憊不堪的情況。

有天，我癱坐在沙發上，眼皮很重，但腦袋無法停止轉動，猜想是不是因為持續緊繃了一整天，還有貪嘴多喝了巷口的一杯中焙咖啡，現在回到家中，儘管到了該休息的時候，想要鬆懈身上的緊繃和腦海中的思緒，卻變得有點難。直到歪腰優雅地晃著後腿肉從我眼前走過，靜靜伸個懶腰，再舔幾下他左手臂前的柔順白毛，臉上的表情似乎是在問我：「妳忙完了沒？」

我摸著歪腰特有的柔順毛髮，輕輕伺候小下巴。這時候的他，溫潤又柔軟，安靜卻帶著一點小嬉鬧感，時不時輕輕張開又閉上的雙眼……時間彷彿被下了魔法般靜止下來。我在心中不小心對著呆萌的歪腰笑了，心也自然而然地柔軟下來。

寧靜的空氣裡，我的思緒慢慢平和，科學一點的說法，大概就是讓腦波開始呈現 alpha 波的狀態。在真正愛上貓以前，我不曾如此，直到認知到「我是不折不扣的貓奴」這件事之後，我看到貓就會變成這樣——有些藏不住的小雀躍，更重要的是，能真正放鬆得下來。

貓不只提醒我該休息了，還讓我得以放鬆。

這樣的念頭飄進心裡，尤其在這個安靜的夜半時分裡，坐在沙發上摸著貓的此時此刻，那些在工作上達到的目標程就，都比不上當下感到的平靜滿足。

「真希望自己能活得像隻貓」大概是眾多貓奴心裡想要的吧！所謂的生活步調，也不該總是全力衝刺。鬆鬆散散的過一下人生中的某些時光，也很重要，就像貓在全力衝刺的狩獵遊戲時間裡，最長也不會超過半小時呢！

有貓在的沙發，貓奴無法自拔

對露咖三貓來說，沙發是家裡相當重要的家具之一，因為家裡的沙發，幾乎都是他們在用。白天在沙發上大睡特睡，晚上的時候，還要在沙發上開個你追我跑的運動會，反而是露咖爹和我，幾乎都沒什麼在坐沙發。

下班後一開門，看著三貓在沙發上一臉「被吵醒」的樣子看著我回家，就覺得他們可愛得過分！看著他們在沙發上打滾，我也會想要盡快做完家務，好能到沙發上跟三貓膩在一起，接受ANIKI的「窩腿」封印，以及金爺的每日踏踏。這樣的沙發誘惑，哪個貓奴能夠抵抗得了？

我算是個會想很多的人，從小到大的個性也比較悲觀，但我很少在別人面前說那些事情，因為我知道，快樂與不快樂都是自己選的。儘管如此，感受是真實的，要哄得了自己，並不容易。

我喜歡和三貓賴在沙發上，因為那能讓我拋開很多煩惱，當我因為貓而暫時忘記憂慮、能夠準備好好休息之後，回過神來會發現，就算我沒有時時憂心，那些煩心事也終究

露咖爹：「幫我看金爺在下面幹嘛？」
露咖佩：「哈哈哈哈哈哈他想陷你於不義！」＃狀態顯示為噴笑
露咖爹：「下午沒放罐罐也不是這樣子的吧？」

能被解決。

窩在沙發上吃點水果，享受他們的一切，還有一陣陣的呼嚕聲。這樣的時間裡，很適合拿來思考一些事情。比如：要和貓一起賴在沙發上到什麼時候？明天早上要吃什麼？該怎麼跟惱人的客戶打太極？週末能不能去逛個寵物展？巷口的那家肉圓還沒有吃過加辣的口味……平常被各種工作和壓力塞滿的腦袋，這時候出現的，都是充滿能量又輕鬆的生活小事。

貓，讓這個家更像一個家

愛上一個有手作魂的男人，也比不了愛上願意親自替貓咪奉獻時間和體力的男人。

我們家是IKEA的常客，因為長年租屋，想選購能隨心變化又不錯看的家具，IKEA是最能夠找到願望清單的老地方。我們好幾次為了三貓跑去逛IKEA，一路討論該怎麼選購，清單上有沒有少列什麼？買回去會不會不合用？三貓會不會喜歡？把荷包榨扁，再將東西全搬進家裡，整間屋子就像炸開一樣。露咖爹負責拿工具和搬重物，我負責切點水果和放音樂，露咖爹很樂於為這個有三貓一起生活的家，再多做些能讓彼此都住得更舒服的粗工。不知道為什麼，這樣的時光，是我和露咖爹最最喜歡的約會方案。

看著露咖爹研究著說明書的背影，搭上三貓時不時過去擾亂的畫面：歪腰偷玩螺絲釘、金爺鬼鬼祟祟把零件叼走、環境就已經亂七八糟了，ANIKI還帶頭在紙箱堆裡開運動會，而且還越吵越嗨！雖然露咖爹會嚷嚷：「哎呀！走開啦！不要弄！」但嘴角卻是上揚著。

露咖爹：「量個東西也要搗亂……」
三貓：「是獵物！是獵物！！」

我們都無法抗拒三貓的狂妄與直接，那種不經意出現各種促咪畫面的場景，無非是這些貓，讓原本可能枯燥乏味的日子裡，添加了一種名為「幸福」的調味。嘻笑逗嘴的畫面、混著愛的眼神、一個因為想對對方好而做的溫柔動作……都讓這間水泥房映成了一個家，名副其實的「貓奴的家」。

再多的漂亮衣服、珍藏著捨不得用的名牌包包、各式各樣想要而非必要的物品，可能都不及真正擁有這樣的生活，因為有貓，而平淡中帶有甜味的日常。真心希望，有越來越多的貓、越來越多的地球人，都能夠享有這樣的家，有貓也有愛的家。

歪腰：「歡迎來這邊跳上跳下！」＃弟弟們很捧場
露咖爹：「會歪掉啦！」

懷孕的日子還好有貓在

很多長輩堅持懷孕時必須把貓狗送走——這也是許多寵物被棄養的原因之一，然而，懷孕的日子裡「有貓在」，卻是治療孕期痛苦的良方。

我和露咖爹一直都有計畫，想在結婚一年後生個小貓奴。我們等了二年多，卻始終沒有好消息，親友們熱心關切起我們的飲食和生活作息，開始讓我備感壓力。做了各種檢查，甚至在這個過程中，剛好發現自己的身體竟然生了病，但我都想著，自己就是盡人事、聽天命。雖然有掉淚過，但我還是有偷偷計畫著，大不了這輩子就不生小孩了，養一屋子的貓，也很不錯，是真的很不錯！

但這個「養一屋子貓」的美夢，終究還是被腰斬了。

歪腰：「有我們陪妳，不要藍瘦香菇嘛！」

知道自己懷孕之後，我真正超級開心的時間，大概只有不到二天。因為從那之後，我每天就是又暈又噁心，完全呈現行屍走肉的狀態！

雖然我早就有了心理準備，知道自己懷孕的狀態應該會跟我那有孕吐體質的娘親一樣，一路吐到生。但我從沒想到會這麼難熬，那種隨時隨地都非常宿醉的狀態，讓我在懷孕初期厭世到不行，甚至在任何事都沒辦法做的情況下，我開始動不動就會掉眼淚、覺得沒有希望、覺得無助、覺得自己沒用……數個月賀爾蒙劇烈變化的影響之下，加上露咖爹長期不在身邊，我開始不知不覺出現無望的憂鬱傾向。

貓貓魔法治癒孕期痛苦

某日下午，我坐在客廳想舒緩自己又暈又想吐的狀態，卻看到不太黏人的金爺，正襟危坐的在我旁邊發呆。我知道，他這樣的意思就是想要「踏踏」，但他卻沒有來踏我的肚子，而是在我身邊發了呆之後，跑去踏隔壁的吐司軟墊！那瞬間讓我不禁大笑，這屁貓實在太貼心、太可愛，什麼不舒服都能瞬間通通煙消雲散！

懷孕的這兩百八十個日子，閒不下來又愛按快門的我，突然什麼事都沒辦法做，心情很容易變得消極負面，但是歪腰柔軟的毛髮、ANIKI黏人的呼嚕聲、金爺的萌呆樣，都解救了我！無論是生理上，還是心情上，除了能讓我暫時忘記各種的不舒服和難過，還常常讓我發自內心噴笑！我很慶幸有三貓的存在，是他們給我力量，陪我度過那些生心理都充滿煎熬、矛盾和複雜心情的懷孕時期。他們靜靜守在我身邊，各自用他們的方式陪伴著我，我也常常會想著，小貓奴出生後，和三貓初次見面的反應會是什麼？往後的日子，可以怎麼拉拔小貓奴長大、教導她如何愛護貓咪？光想，就會告訴自己，要努力撐過去。

十分鐘也好，就讓鼻子吸上滿滿的貓味，蓋住孕貓奴嘴裡的藥水味吧！

金爺：「馬麻的肚子裡有小貓奴，踏不得！只好來踏吐司惹～」

貓貓胎教超療癒

懷孕真的很容易嗜睡和感覺到孤單，但若有貓咪的陪伴，除了能療癒身心以外，對寶寶的胎教也是非常非常有幫助的哦！因為「胎教」本身的意義，就是讓孕婦開心、身心靈放鬆嘛！

雖然很難說三貓知不知道「貓奴懷孕了」這件事，但自從我在他們面前孕吐過，還有露咖爹為了避免我的肚子被衝來衝去的貓踩到，常常會護著我，想必三貓會因為這樣而感受到，我的肚子，已經成了「禁區」！

大腦是很神奇的好東西，當我們有喜怒哀樂的時候，大腦的各部位會釋放不同的激素來讓我們產生各式的情緒，比如「快樂」的時候會分泌「多巴胺」。胎教的核心價值是「把媽咪幸福的狀態傳遞給寶寶」，所以每當三貓萌呆到讓我覺得好療癒的時候，肚子裡的寶寶一定也會感到幸福，這真的是很棒的胎教呢！

有陣子，身體不舒服到很無助，想吃的東西吃不下，又或者吃了會吐、會反苦，因此覺得好憂鬱又厭世！這種時候只好摸摸貓、跟三貓說說話、看看他們的背影還有玩逗貓棒的呆樣子、餵罐罐聽他們吃得嘖嘖作響，讓三貓好好療癒我。我時不時會跟三貓說：「你們要當哥哥了！」，想說這樣可以讓他們有個心理準備，知道家裡到時候會出現個小貓奴。露咖爹也常常對三貓說：「這裡面有個妹妹哦～你們要疼她，不可以踩到哦！」讓我覺得幸福花朵朵開，暫時忘記各種懷孕造成的噁心和疼痛。

聽說貓對寶寶的容忍度很大，因為他們會知道那是「奴才的小孩」，所以很多事情不會跟小貓奴計較，我很期待小貓奴出生後帶回家的那天，也很好奇三貓到時會有什麼反應。

ANIKI 正在幫一千六百克左右重、三十週大的小貓奴呼嚕嚕做胎教哦！

看著 ANIKI 趴在肚子上呼嚕給寶寶聽～我就跟他說：「以後安撫寶寶就靠你了哦哦哦！ ANIKI ！」 然後私心想著，如果現在多讓寶寶聽呼嚕聲，以後哭鬧的時候，就讓貓呼嚕一下，不知道這樣能不能讓寶寶不哭～哈哈（想得美）

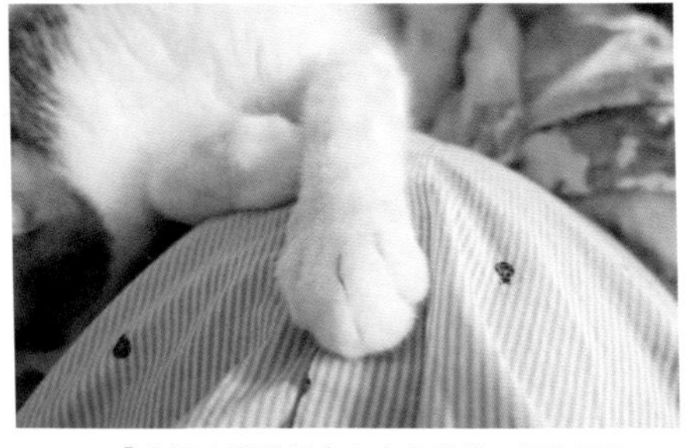

ANIKI：「小奴才乖乖長大！出來陪我一起搗蛋啊～」

準備懷孕和懷孕中的貓奴家，該注意的事

做好適當防範，孕期與貓共度沒問題！

每回聽到「懷孕所以送走貓咪」的事情，心裡就會覺得惋惜又難過。因為，養貓、愛貓和愛著孩子，其實不會是相互牴觸的事，只要（準）孕貓奴注意以下事項：

貓的寄生蟲

養貓的寄生蟲問題，可以透過諮詢醫師和維護環境衛生來預防，在懷孕前有依照指示執行，懷孕後就不用擔心感染的問題。所以，備孕的時候就該注意囉！

孕婦避免吃生食

獸醫師曾跟我分享：從自家貓感染而來的弓漿蟲案例真的很少，更多的感染案例，是在食用生菜、生肉、生鮮，接觸不乾淨的水源、泥土、園藝工作等等而來，而且在不是懷孕時期感染的話，影響並不大。所以婦產科醫師才會提醒大家，懷孕時應避免吃生食。

勤洗手，維持手部衛生

多洗手，尤其是吃東西吃之前！

餵貓吃生食別太擔心

如果自家貓咪本來就有在吃生食，也不用過度擔心，可以視個人狀況提供可信任品牌的「商業生食」，並注意清潔衛生，以及定期施打疫苗和吃驅蟲藥，就可以了哦！

抽血檢查

在懷孕的第一孕期，可以向婦產科醫師提出抽血檢查。我自己是考量三貓都在家中生活，也有定期施打預防針、做身體健康檢查和堅持不放養，所以在懷孕時的弓漿蟲檢驗，貓咪的部分未必要執行，挨針就讓孕貓奴來就好（捲袖子）。

歪腰一直在覬覦小貓奴的魚肉，哈哈哈～笑噴！

🐾加強防護

鏟貓砂、洗貓砂盆、清理貓咪嘔毛或嘔吐，可以戴手套來加強防護。更好的應對策略，就是由先生來處理囉！（笑）

🐾留意安全

注意別躺在貓咪開運動會時的追跑路線上，避免貓咪往孕貓奴身上「胸口碎大石」！

🐾減少貓貓誤傷貓奴的機會

定期替貓咪剪指甲，這是本來就該做的事呀！

🐾維持環境整潔

從懷孕到寶寶出生後，只要環境衛生維護得宜，有貓貓狗狗的環境可以增加寶寶的抵抗力。

🐾適當分配時間、空間

未來寶寶出生後，一定會影響到貓咪原有的作息和活動空間，寶寶絕對會一直哭，並且佔據貓奴的時間和肉體。重新規劃一下寶寶出生後的「空間和工作分配」，像是鏟貓砂、開罐頭的分工，讓貓咪能減少因寶寶大哭而來的壓力值，並盡量維持貓咪原本的生活作息。

有貓貓陪伴孩子長大，真的是一件很棒的事！看著三貓和寶寶一起生活，心裡總是會暖暖的，為日子增添許多色彩。雖然會辛苦好一陣子，但未來的甜美果實，就等著全家人一起攜手豐收。

敗給你們的出其不意！

就愛貓貓這款反差萌

ANIKI：「剷除肥肉！現在就跟我一起仰臥起坐！」

如果要說說貓的哪些地方，會讓我一整個愛到骨子裡去的，大概就是他們出其不意的性格和奇異姿勢吧！在我愛上貓以前，我並不知道貓有這樣可愛又不按常理出牌的一面，直到真正養了貓，才發現只要有貓在的地方，就容易出現各種令人噗ㄘ噴笑的畫面！

為了想讓三貓開心看風景，我買了貓吊床；為了想讓三貓睡得舒服，所以我買了軟Q的吐司坐墊，單純想把家裡的每個角落，都布置成給三貓的專屬天地，卻意外在一起生活的每一天裡，不定時收穫讓大家噴笑的奇異姿勢！

你根本是人類吧？

那個洞不是醬子用的啦！

結婚的時候，家裡買了甜米糕請附近鄰居吃，裝米糕的空竹籃我捨不得丟，留了放在家裡當紀念，但眼看家裡的東西越來越多，我開始有想把竹籃子丟掉的念頭。

有天晚上回到家，心裡才在想該把那個竹籃子給丟了，結果就看到歪腰睡在竹籃子裡頭！原本一直猶豫該不該丟的竹籃子，這下真的沒有任何丟掉的理由了！（攤手）

有的時候想移動歪腰，就直接提著籃子走來走去：「來喔！一籃白貓誰要～」歪腰沒有任何不高興，他總是靜靜的讓我們移動，提著晃一晃、逛家裡走一圈，偶爾再來個「竹籃電梯」也OK！

露咖佩：「竹籃纜車來囉！」
歪腰：「嗯？是要去哪？」

睡成這樣也太誇張了吧！真的是看貓比看電視精彩！

三貓使用手冊，每天都要伺候貓

了解每隻貓咪專屬的「伺候部位」，然後讓自己和貓咪一起享受這樣的摸摸日常……

所謂的「貓咪使用手冊」，完全因貓而異，因為每隻貓咪喜歡的部位和力道都不一樣，為了了解自家貓貓的喜好，就會需要靠自己冒著被「哈嘶」的可能，去蒐集出專屬於自家貓咪的使用手冊。未來在引導家人和貓咪建立關係時，這也會是很好用的手段之一哦！

歪腰的擼貓使用手冊

歪腰最愛的部位，就是下巴到脖子的那塊肉。如果搔搔那邊，歪腰就會舒服到路倒，呈現「歪腰郵筒」的狀態。歪腰其次喜歡的部分是頭頂和臉頰，除這些之外的地方，一概不喜歡，碰到腳掌或肉袋，輕則被瞪、重則被咬，如果要擼擼他的全身或尾巴，也要視歪腰本喵的心情而定，不然一不小心，可是會被罵的呢！喵！

似有似無的搔搔頭，或用手蓋著頭大力摸下去，歪腰都粉喜歡～きもち（好舒服）～

ANIKI 的擼貓使用手冊

「拜託，快摸我！全身都可以！」這句話大概是 ANIKI 每天都會用眼神對我說的話。從頭、臉頰、脖子、整個背部、尾巴根部、整個腹部、肉袋，都可以大肆地擼來擼去，越擼越開心、越擼越呼嚕！而且 ANIKI 最愛拍屁屁，拍小力會不甘願，要大力點才會滿意，邊拍邊把屁屁抬高給我繼續拍，實在是灰常重口味！

ANIKI：「好酥胡哦……我最喜歡馬麻惹……」

金爺的擼貓使用手冊

屬於金爺的按摩時光，有兩個時間點，就是剛睡醒或快打盹的時候！

平常如果不是這兩個時間點，想要靠近金爺幾乎不太可能，就算真的靠近了，他也會液態化速速離開，你只能望著金爺的後腿肉，癡癡看著他離去的背影。

如果恰巧遇到這兩個時間點，金爺最喜歡的就是頭頂和臉頰，下巴似乎還好，尾巴根部則是非常愛，擼全身也是可以的，但力道不能太大，要輕輕柔柔地伺候。通常伺候起來，可以很久很久……伺候得好，還會賞個「踏踏」當回報哦！

這不是剛睡醒的金金嗎？這時候就是來偷襲，啊不是啦、是好好伺候人家的時間啦！

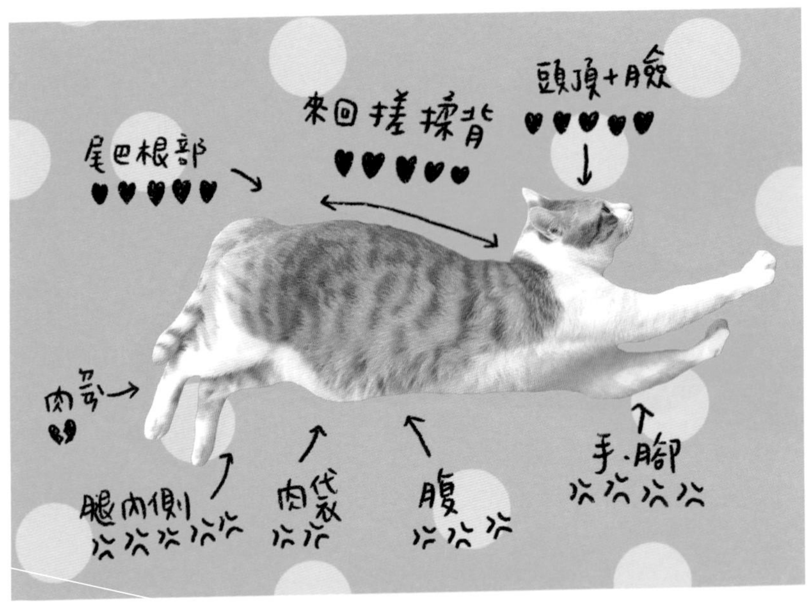

金金的擼貓使用手冊

除了剛剛提到的部分以外，若是想偷襲肉袋、偷戳肉球、偷親幾下，那就要看金爺的心情是否賞臉，若是還沒讓金爺滿意就誤觸地雷區，那金爺就會像頓失約會氣氛的情人一樣，轉身就走啦！

露咖家的週末作息與伺候項目

我覺得「穩定作息」對貓咪而言滿重要的，對貓奴自己來說，也是比較能掌握生活步驟的一種方式。很多還沒但計畫想養貓的人，以及準備生小孩的貓奴，都會問我養了貓之後、有了小孩之後，生活會變成怎麼樣？其實我覺得最大的不同，就是「我願意為貓去做自己能負擔的最大幅度調整」，包含要收掉的危險物品、配置貓咪需要的東西，還有分配給貓的時間等等。

在生小貓奴之前，因為創業的關係，所以生活作息非常亂，但大致上來說，還是有固定放飯、玩逗貓棒的時間，雖然有人說「養貓好，因為貓很獨立，很方便！」但對我來說，其實都是差不多的，因為貓咪每天需要「看到奴才」的時間，可能比我們想像中的還要多。

生了小貓奴之後，最無法避免的，就是全家的作息都會以小貓奴為主。寶寶什麼時候固定會醒、什麼時候要喝奶、什麼時候要睡午覺，會變得很穩定。身為爸爸媽媽，也會為了避免寶寶餓了累了而哭鬧，嘗試在穩定的作息上讓寶寶得到滿足。所以貓咪的生活作息，很自然也會因此被改變！剛生完寶寶的頭一個月，全家真的都會很辛苦，包含貓咪試圖忍受寶寶的哭聲！

【小貓奴（一歲左右）和三貓的作息表】

08：00小貓奴起床喝ㄋㄟㄋㄟ拉大便

09：00三貓隨後吃早餐

10：30全家的午睡時間

12：30全家的放飯時間

14：00看電視＋玩樂吃零食、梳毛剪指甲

15：00小貓奴的小睡時間

18：00全家的放飯時間

20：00小貓奴洗澡準備睡覺

22：00大人的看電視＋三貓的按摩時光

22：30在客廳靜悄悄的陪三貓玩逗貓棒

23：30三貓的宵夜時間

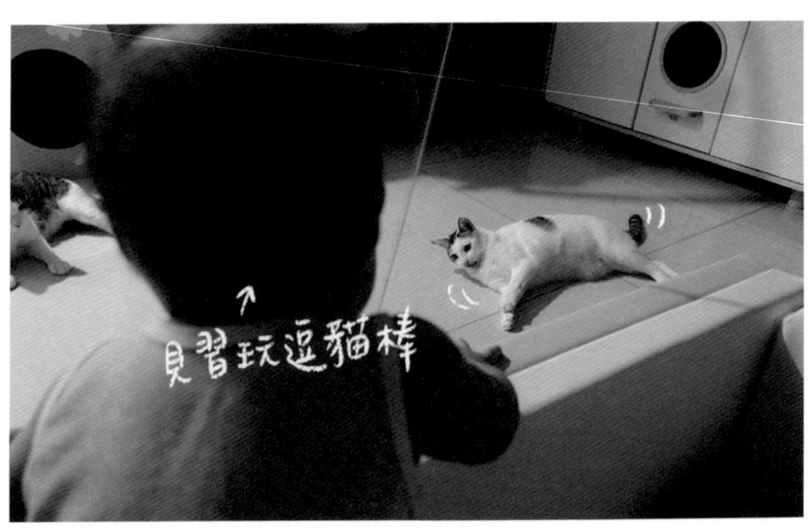

晚上不睡覺的小貓奴，乾脆起來見習怎麼陪玩，哈哈！

貓咪行為專科醫師曾經告訴過我，最好在三貓吃飯前，固定陪他們玩逗貓棒。在諮詢醫師以前，我們家的逗貓棒幾乎都是「想到才陪玩」，並沒有固定時間，我當時也覺得這樣好像很奇怪，因為沒那個氣氛和習慣呀！

但我後來刻意在三貓的宵夜時段前陪玩逗貓棒，久而久之除了自己習慣了以外，也意外發現，貓咪似乎也是相當重視作息的一種生物，早上幾點該吃飯？幾點該睡午覺？幾點該看風景？幾點該看到我和露咖爹出現在客廳看電視？幾點該好好按摩和玩逗貓棒？如果沒有照做，三貓會覺得怪怪的，會開始嚎叫、搗蛋引人注意。看來穩定作息，不光是照顧小孩的撇步，連伺候貓咪也是很需要重視的呢！

使彼此更親近的夢幻時光！

讓貓貓更舒服的按摩部位

用手指撫摸下巴，或在下巴滾動（有時會舒服到把下巴頂出來變厚道）。

這個世界上，只有你最了解你家貓貓最舒服的位置在哪！按照大部分貓咪喜歡且對貓有益的部位都試試，看看自己家貓貓哪邊是雷區、哪邊是天堂區？按摩的時候，可以視貓咪的個性，避免跟他對視，挑貓咪窩在你身邊、半睡半醒的時候，以彼此或貓咪最舒服的方式來進行按摩。

按摩的時候，可以用指腹滑過貓咪釋放費洛蒙的部位，並且盡量避免弄到鬍鬚，因為鬍鬚是貓咪很敏感和脆弱的地方。力道也要完全視貓咪的喜好而定，因為有的貓很重口味，有的貓就只喜歡輕輕柔柔的那種，而且，平常照護上需要幫貓咪刷牙、剪指甲的練習，也可以在按摩時光偷偷加進去哦！分享到這裡，讓我又好想再去貓咪按摩課好好進修一輪呢！伺候貓的學問真的是學無止盡。

以上的按摩時間、部位和力道等等，都是可以自己在家裡做的簡單動作，而且也必須視每隻貓咪的喜好來調整，而「本喵」此時此刻是否想被按摩，也要看他們的心情而定，如果貓咪現在就是想打獵或看風景，就不要刻意執行按摩這件事囉！

① 拍屁股和整個背部。
② 在尾巴根部和整個尾巴的輕撫。

用手指或以爪子的方式輕抓頭頂。

貓奴伺候貓，是天經地義又非常療癒的事，而且「貓咪按摩」這件事，通常不想停下來的往往是正在提供服務的貓奴，而不是接受按摩的貓咪。透過按摩的互動方式，能讓貓貓和自己的感情變得更加親密！ANIKI 和歪腰的呼嚕引擎聲，還有金爺的踏踏，都是貓奴伺候得到嘉獎的大大賞賜！每次幫三貓按摩，看到他們超級舒服的表情，就覺得非常療癒。

眉心和眉骨比較少毛的部位用指腹滑過。

用手指輪流在臉頰上滑動，或是輕輕轉圈。

CHAPTER 3

想讓貓奴們知道的事

因為貓，因為愛貓及貓
就算世界上沒有天生的優質貓奴
我也要再次進化

養貓前的自我評估

我們都該用嚴謹的態度來面對養貓前的自我評估，因為我們即將擁有的不僅是毛茸茸的貓，還是一份珍貴的小生命……

我的粉專私訊匣裡有很多這類的問題：「我適合養貓嗎？我真的可以認養貓回來了嗎？」通常會問這件事的準貓奴，相對比較有責任心，我認為，這是好事！因為決定認養貓，並且為這條小生命付出十幾二十年的光陰，真的也不是件簡單的事！雖然近年拜網路所賜，能思慮到這點的人已經比過往多了，但該怎麼具體自我評估？我認為可以從時間、經濟、環境，還有準貓奴個人本身的狀態去思考看看哦！

ANIKI：「生命是有重量的哦！看我的體格就知道！」

歪腰：「不要寵溺我或過度干涉我，但也不要不理我！」

時間——貓咪需要你陪

養了貓就必須花時間陪貓，是無法逃避的事實，儘管貓很愛紙箱和肉泥，但他絕對比你想像中的更需要你，只是他表達需要的模式，和你所想的，不一定相同。

養貓前，我們可以思考看看自己「每日的時間分配」。一天當中除了工作唸書、逛街約會、購物血拚、整理家務後，剩餘下來的「可支配時間」還剩下多少？而在可支配的時間裡，我們又願意花多少時間，陪貓咪玩個逗貓棒、鏟貓屎、抱抱貓、跟貓說話、為貓準備健康又乾淨的水、食物和環境呢？

對寵物來說，光是提供水、食物和玩具等等的物資，雖然滿足了生理需求，卻沒辦法滿足需要溫暖、安全的依附需求。

不願意把時間分配給貓的飼主（包含觀察精神飲食狀態），很容易因為沒有注意到貓咪的需求，導致生病和照顧情況不佳，甚至讓貓咪缺乏情感依賴和遊戲時間，而發生像是嚎叫、吃布、搗蛋等等的問題行為。接著，無法運用智慧來處理問題的飼主，就可能因此而步上了棄養貓咪的不歸路……

決定養貓前來掐指算算，雖然每隻貓咪真正需要我們花的時間，真的不會太多，但我們有多少時間能分配給貓，確實也是個該好好評估的考量之一哦！

經濟——醫療緊急預備金

當我的第一隻狗生病後，我才知道，原來養寵物最可怕的開銷，就是醫療。

平常小病小醫，吃吃藥、給獸醫師多摸幾把就沒事了，醫療費用大約是五百元上下；有時候貓咪亂吃東西，便秘大不出來，需要照個顯影或超音波，又或者是到了該結紮時的氣體麻醉和做術前血檢，費用有可能會來到三千至五千元左右。如果某天因為家中沒做好門窗防護，貓咪亂跑出去被車撞斷了腳，或者是沒有注意貓咪的飲水量，引發泌尿道相關疾病或腎衰竭等等的頭痛問題，需要更多的X光片、斷層掃描、核磁共振，甚至進行緊急的手術，這動輒幾十萬的醫療開支往往來得既突然又龐大！

不諱言地，經濟在「養貓」這件事情上的重要性，比我們想像中來得重要許多！穩定收入的程度有多少？剩下可支配的現金有多少？經濟獨立到哪種程度？有沒有辦法穩定負擔貓砂、貓食、玩具的日常物資開銷？甚至，能否自己小額替貓咪存醫療基金呢？

金爺：「養貓基金自己存，一天最少存五十元也可以哦！」

我把「經濟獨立程度」也放進來的原因，是因為我在眾多網友私訊問我問題的時候，發現經濟獨立程度較高的貓奴，在面臨各種人生階段的時候（像是結婚懷孕生子之類的），自主力（自我決定）的意識層面也會相較好很多，他們在決定讓貓咪吃什麼樣的食物、使用什麼樣的貓咪用品，或是未來因為結婚、懷孕、生子，而面對家人要求把貓咪送養的問題處理上，顯得自主性較強，壓力也會相對較少。因為貓的一切都是自己出錢，貓也是自己在養的呀！別人能干涉的，頂多就是叨念一下而已了。

空間——塑造「環境」的能力

其實我在思考怎麼說明這個「環境」的時候，真的想了好一陣子。以英文來說好了，environment 是指「生活環境」，而 condition 指的是「條件、狀態、狀況」，space 則是指「空間、間距」。會想到這些，是因為這些都是未來會影響「養貓生活」能不能順利又開心的因素之一。

以生活環境和空間條件上來說，我們需要幫貓「建立一個適合貓咪生活的環境」，包含塑造一個降低犯罪、受傷、生病機會的環境，以及給予遊戲、運動、磨爪配置的空間。比方說：

- 是租屋還是自有房子呢？
- 房東同意你養貓嗎？
- 目前和誰同居？
- 同居者（包含家人、室友、伴侶）對貓的態度如何？
- 同居者也和我們一樣，願意執貓之手，與之偕老嗎？
- 房東同意釘牆壁嗎？
- 準備多少空間用來收納危險用品呢？
- 目前居住的空間，還有多少空間可以用來提供給單貓／多貓生活呢？
- 能有多少空間來配置貓抓板、貓跳台、貓砂盆、貓的藏匿點、貓需要的垂直空間、貓食、飲水區，甚至是貓屋呢？

貓咪是垂直空間的療癒動物（沒錯吧？貓的存在本身就是件很美好的事！），所以家裡的每一個地方，都有機會讓貓咪撸過，養單貓的狀況相對簡單許多，只要做好物品收納、提供有趣又安全的環境、健康的食物，還有預防只想和貓待在家而成了「邊緣貓奴」的問題，除了這些以外基本上不會有太多的困難點。

但若是多貓家庭，在空間上、互動方式、資源分配等等，就需要更複雜的考量了，包含你身上還有多少位置能分配給貓躺。一位貓奴只有兩隻手可以同時摸兩隻貓，如果家裡只有二位貓奴，卻養了六隻高需求的貓貓，那可真的是不容易吶！關於這部分，會在後面和大家分享。

飼主——「貓奴」本身的狀態

其實我蠻常聽到貓奴們會自嘲「我的貓吃得比我好」、「我吃泡麵，但我的貓吃肉肉蝦蝦」……當然，那都是樂在其中的幸福，只是認真來說，我會希望貓貓好，你們也要好。能夠先照顧好自己，才有也照顧好貓咪的能力呀！

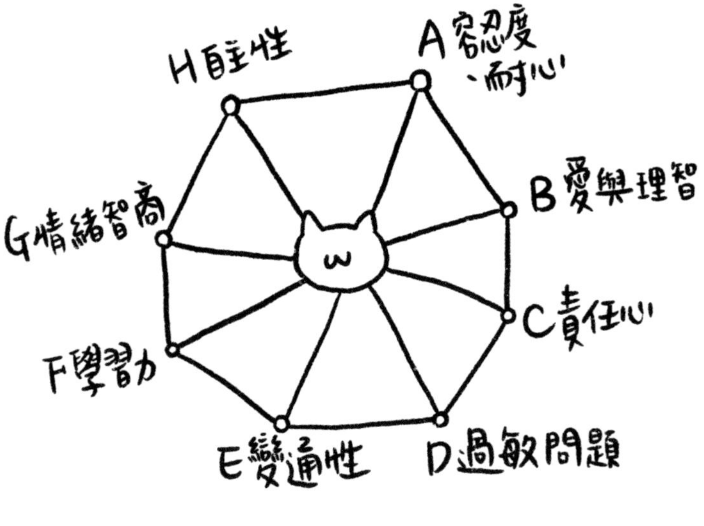

有快樂的貓奴，才會有幸福的貓貓。所以我也和許多給自己壓力太大的飼主說，很多事沒有絕對好，而是對你和你的貓最適合的，才是相對好的。

前一頁這個「八角貓貓摩天輪」，可以讓準貓奴來參考評估（或提醒自己），在成為優質貓奴的路上，需要什麼樣的個人狀態。

A容忍度和耐心：

你的貓絕對會挑戰你的理智線！領養貓前，試想自己的耐心和容忍度可以有多高？這份特質，絕對會影響你未來養貓的日子中，會不會大暴走！但如果你真的愛貓，再麻煩的事，都能找到方法處理；再令人抓狂的事，也都能找尋方法來解決，因為你是高智商的人類呀！

B愛與理智：

我們真的愛貓嗎？我們給貓的愛，是寵溺、還是理智的？是貓真的需要的、還是我們單方面的強制給予？我們又願意為貓調整自己到多大的程度呢？

C責任心：

這絕對是非常重要的！因為認知到「愛和責任」，所以我們不會輕易放手。負責，負起照顧生命的責任，願意在貓貓生病痛苦的時候，守護著、看顧著，不離不棄。

D過敏問題：

其實在領養貓之前，「過敏」是我很大的一個考量點，因為我們家有氣喘家族病史，我自己也容易會有支氣管收縮的問題。神奇的是，養貓後，我家變得超乾淨，我的過敏耐受性大概也大大提高了吧。雖然剛養貓的前幾個月，我都是戴口罩跟歪腰一起生活，但現在透過貓奴決勝三機：除濕機、空氣清淨機和吸塵器，還有多運動的幫忙之下，我已經不太有這方面的困擾了。

E變通性：

沒有不會改變的貓，只有不會變通的飼主。雖然貓真的很挑、很機車，但他們就是貓呀！身為智商比較高的貓奴，可以不斷調整自己的方法、行為和環境，來面對和貓咪一起生活的各種困難。包括拿出行動力去諮詢專業的貓咪行為醫師或訓練師。

F學習力：

有發現並沒有把智力納入嗎？因為我會覺得有願意不斷學習和調整的能力，會比有高超智商來得更加重要，願意學習的貓奴，總是能不斷再次進化！

G情緒智商：

情緒智商的內涵有很多，其中特別想提的，就是情緒管理。因為那會影響我們在養貓的日常生活，如何面對貓咪挑食、不睡覺、搗蛋的問題行為，以及因此產生的挫折感，並且與憂鬱、低潮與憤怒共存的能力。別讓貓咪掃到颱風尾而成了出氣筒，也是很重要的。

H自主性：

你的自主性高嗎？在決定貓咪吃什麼、用什麼、看哪間醫院、使用哪些醫療資源，是能夠自我決定的，還是必須仰賴家人、長輩的允許呢？這也相對影響你往後養貓的日子裡，是否能更加得心應手。

再收編——養新貓來陪舊貓？

收編貓咪的主要考量點，永遠都不該是「我的貓看起來好孤單」。因為貓咪的無聊和精力旺盛，是貓奴該負起的責任。但若依據前面所提到的考量點來思考，發現「自己還有能力再認養貓咪」，就可以接續評估一下「舊貓的狀態」，是否適合讓家裡再容納其他的貓。甚至我們要有個心理準備：如果新收編的貓無法與舊貓生活在同一個空間裡，妳即將會如何處理？會尋找更專業來幫忙解決問題嗎？

考量過上述幾點以後，接續可以思考的部分有：

- 舊貓與新貓的年紀是否適合？舊貓如果年紀較長、喜歡安靜，新貓年紀小又貪玩，要考慮能否配合。
- 舊貓與新貓的個性是否合得來？舊貓有無焦慮、敏感、高需求的情況？
- 我們能在不影響舊貓所擁有的前提下，提供合理的飲食、遊戲、陪伴、空間資源分配嗎？

上天是公平的，每個貓奴每天都只有二十四個小時，如果飼養的貓咪過多，難免會擠壓掉原本服侍舊貓的品質，雖然我也私心想再多認養幾隻貓，但多貓的評估點更是複雜許多呢！

走到哪跟到哪

原來貓是這樣偷偷在黏人

盯著阿母在廚房備料。

露咖爹說：「很奇怪欸！房子那麼大，怎麼就偏偏都要擠在妳這邊！」

對，真的很奇怪！我到哪，三隻貓就跟到哪，再大的電腦桌也是給貓躺、再大的椅子也是給貓睡，ANIKI總是要黏著我，歪腰和金爺會在離我有一段距離的地方盯著我，重點就是一定要在「同一個空間」才甘願！

原本我沒有太大感覺，只覺得回到家之後，要洗衣服和忙著做那些做不完的家務。養貓第三年的某天晚上，我做完家務跑到沙發上偷閒，卻發現三貓通通趴在我面前……

這個畫面不禁讓我回想起過往的日常時光：折完的衣服會被金爺弄倒、化妝的時候歪腰跑來打蜜粉刷、跟ANIKI對到眼神，就有擋不住的屁屁要拍，在家時時刻刻被三貓佔據的重大原因，就是因為我走到哪，他們就要跟到哪啦！

露咖佩：「這……是要開會嗎？三位少爺覺得哪裡需要改進的嗎？」（請忽略路倒的監視器先生）

我的工作桌很大，因為工作內容需要發想創意，所以桌上常常擺滿各種參考資料或草稿。

但自從養了貓之後，我的工作桌已經完全是用來給三貓躺的！有時候躺著躺著，就會開始從互相幫忙洗澡，演變成揮對方幾掌，最後以你追我跑的情節完結，這種上一秒愛來愛去、下一秒打來打去的老套劇情，就是每天貓奴家都會上演的「貓貓八點檔」。

有貓陪著寫文案，就能文思泉湧啊！所以有時候是我也想黏著他們，看他們在哪睡，我就跑去那裡開啟微工作模式！

和三貓一起看電視、打電動，也是我們家非常喜歡的貓系放鬆方法之一。但說到底，其實電視和電動也只是個陪襯而已，有三貓在身邊可以偷襲摸摸才是重點！就算沒有電視，光是看著他們慵懶的樣子，就能讓我感到無比滿足。

貓奴的冬天就是要窩在一起呀！

貓奴的冬天，就是要跟貓窩在一起，有時候三貓會窩在我附近睡；有時候明明沙發很大，但可能是因為天氣很冷，所以就通通都要擠到我身上來。ANIKI體格最大，我身上能分割給三貓的土地本來就不多，擠到最後我會看到他已經放棄搶奪位置，乾脆直接坐著睡了，哈哈哈！（真的很難懂貓在想什麼。）

自己幫貓存醫療基金

後來才了解到，光是嘴上嚷嚷「我會一輩子負責的」，還是遠遠不夠。

還記得以前念大學的時候，也有幾次想領養狗狗，卻總是被用「還是學生所以經濟不穩定」的理由拒絕，曾讓我覺得很挫折，想不透送養人為什麼要這樣要求還沒辦法有穩定收入的學生。直到後來自己真的開始獨立生活和養狗之後，我才深刻感受到「經濟能力」對任何一個生命的重要性。

如果還是學生，和家人溝通好一起共同負擔寵物的花費，會是個好方案，但和「有能力養活自己」相比，經濟獨立就不大會受到家人和伴侶的影響。自己想用什麼方式正確又安全地養育愛貓，自主性高了許多。我想，這就是為什麼用心在救貓並送養貓咪的中途，會很重視「經濟能力」的原因了。

我和家人都認為，在能力許可範圍內給貓吃好一點，也是為未來的醫療需求省錢。換個角度想，現在給貓隨便吃，未來搞不好會在醫療的部分花費更多錢，勞心傷神也傷財呢！露咖三貓每個月的平均花費約三千至六千元不等，若是遇上亂吃東西、身體不舒服而看醫生，會再增加五百至兩千元左右的醫療開銷。每年我們全家會視情況做健康檢查，也包括三貓，健康檢查的部分，依貓咪的年紀和個別需求而有不同，一隻貓約二千至一萬元左右。

貓貓的醫療基金，自己存

在台灣，寵物保險的選擇性並不多，更別提寵物健保和寵物稅之類的。相較之下，國外就有比較多這類型政策，但也會因此而抬高飼養寵物的門檻。當然，我們都希望屁貓們永遠都健健康康，可事實是，我們很難預估他們什麼時候會突然生病，甚至會需要動輒上萬元的醫療開支。

我的做法是，在自己目前使用的銀行帳戶中，額外替貓貓設立一個「愛貓專用的醫療基金」子帳戶，不包含貓咪的日常開銷，是額外存下來的哦！

一開始可以視自己的情況先存個六千元進去，接著每月強迫自己存個五百、一千元，來當作貓咪專屬的急用或醫療基金。這樣一年也可以存到上萬元。長年存下來，就不用擔心突然間需要大額的醫療開支，若是能學會理財，每個月固定在銀行存放定存及獲得利息，也是很不錯的方式之一。

如果某幾個月收入還算可以，我也會量力而為從這個帳戶中，撥一些錢來幫助街貓TNR或是散捐給可信任的中途愛媽。雖然貓奴很常因為各種貓物而手滑，但只要平常有做好儲蓄管理，就算「那一天」真的到來，我們只需要堅強自己的意志，陪著貓貓去面對，經濟的部分就不需要煩心了。

金爺：「錢錢很難賺，為了我要做好理財規劃哦！」

想洩憤還是想教貓？教訓貓前可以思考的幾件事

任何的管教都始於一個「關係」，無論是地球人的孩子還是毛小孩，都是。

有個很正常的互動現象，就是有了「關係」，這樣對方才會在乎你。因為在乎，所以會聽你說話，甚至是聽進心裡去，我也很常跟大家說：「你越不關心貓，貓就永遠都不會理你」。當然，關心的方式也有很多種，要因貓本身的個性而提供不同種愛的方式，也是一種高智商的表現呀！

停止踢貓、摔貓、打你的貓，你有更好的管教方法可以選擇。如果你身邊的人，為了教育貓狗而出現毆打的行為，請告訴他們，這樣沒有用，因為「洩憤」和「教育」本身就是兩回事。

體罰的影響可能不利教育

常聽人家說體罰會有很多不良影響，你知道有哪些嗎？

生理上，容易內傷、內出血，貓狗都很會忍痛，儘管目前看起來沒事，但可能已經內傷了，只是你看不出來。甚至有很多時候，是因為憤怒而不小心失手造成的傷害。

心理上，體罰會帶來畏懼和更複雜的結果。經常被體罰的貓狗，也可能會加深他們學習用殘暴的方式，來表達「不要」和「生氣」。如果貓在你施暴的過程中咬你，通常你就會因為痛而暫時停手，那麼以後他就可能學會用「咬你」來尋求「停止」。如此冤冤相報，真的不是正向的解決方式吶！

貓狗的利牙尖爪可以撕裂我們，但他們卻不會這樣對待我們，為什麼呢？

我有一任男友很愛很愛狗，但他有一次因為狗咬斷電腦主機電線，所以拿衣架想教訓狗，結果他一揮，就那一下，不小心就把狗的腳趾打骨折了。他不是故意的，也很懊悔，甚至不敢帶狗去就醫（當然我還是把狗帶去看醫生了……），所以只要出手了，就一定會有失手的可能。

管教，從建立關係開始

養貓之前，大家都跟我說貓很無情、叫不來、不理人、不需要太多照顧、很獨立、會記恨。雖然貓叫不叫得來，可能取決於他今天想不想理你，但絕對不能因為這些印象和原因，就不和貓交流，如果你想好好和貓磨合，並一起過上美好的生活，就更應該多跟貓咪互動，建立良好的正向關係。

以前我工作的地方，常需要面對孩子有嚴重偷竊、說謊、蹺課等等的偏差問題行為。但有個很有趣的現象，就是這些問題行為孩子的父母，平常和孩子互動的次數都少得可憐，或是考高分頂多給你一個小玩具（僅有物質回饋）就不理你（缺乏情感連結），沒有什麼正向的言語或肢體互動，而當小孩犯錯的時候，就會「出面教訓」孩子。

這樣的狀況，很容易拉開孩子和父母之間的距離，推力（與家人的關係不好）和拉力（外界的誘惑）交互作用的情況下，容易造成親子關係疏離，更別說要管教了，孩子與父母根本不了解對方需要什麼、在哪些地方有困難或感到挫折。甚至有的孩子會認為：「只有我犯錯的時候，爸爸就才出現，除了犯錯以外，爸爸不會理我，那我就再犯個錯，讓他來關心我。」

當然貓可能沒有這麼複雜的心理運作。但平常沒什麼在關心貓的照顧者，每當貓咬塑膠袋的時候，就過去接近貓，長期下來會發生什麼事？貓會不會討厭你、怕你，甚至覺得「只有在咬塑膠袋的時候，我僅能依附的對象才會理我」、或覺得「我咬塑膠袋的時候，我僅能依附的對象，會來跟我玩追打跑跳碰」，以致於增強了這項行為？你可能永遠教不會貓「不要咬塑膠袋」這件事。當然，你更可以選擇收好塑膠袋！

有個叫哈洛的心理學家在一個大籠子內，放上提供舒適和溫暖的毛茸茸猴子娃娃，以及一隻能不斷提供奶水的鐵製猴子。接著再放隻活生生的小猴子進去籠子內。大家猜，活生生的小猴子，究竟喜歡猴子娃娃還是鐵製猴子呢？

心理學家都打賭小猴子會喜歡鐵製猴子，因為有好吃的奶水，這可是直接關係到小猴子的生理生存條件。但事實上，小猴子除了肚子餓的時候，會去鐵猴子那吃幾口以外，其他時間都完全黏在毛茸茸的猴子娃娃身上。

這個心理實驗結果可以讓我們知道，單純提供食物和水給貓狗，沒辦法培養關係（管教小孩也是），因為你就只是個自動開罐器、自動飼料桶，而飼料桶沒有權力管一隻貓乖不乖，再者，是誰定義了貓乖不乖呢？

如果你希望你的貓在乎你，管教之前要先努力建立好關係，你看過《麻辣教師GTO》嗎？你知道鬼塚英吉嗎？為什麼輔導老師都要跟學生打成一片？因為「輔導始於關係」。我們可以想想自己每天花了多少時間陪貓？我們相處的時候給了貓多少愛，多少撫摸、稱讚、遊戲還有好吃的零嘴呢？

「洩憤」≠「管教」

看到一地板的屎尿、被翻倒的垃圾桶、被咬斷的電線、咬破的衣服、被單和枕頭……養過小貓小狗的地球人，對這類畫面鐵定不陌生，多少有過

ANIKI：「偶只是一隻貓，啥麼都不想學……」# 懶

發飆的經驗，我也是。適當的讓貓狗知道你的原則，我覺得沒什麼不可以，但是當你的手或腳要揍下去之前，可以先想一下你想要達到的目標是什麼：

很火大所以要洩憤↓請去旁邊冷靜。

想表達有多生氣↓打過後，貓不會記得你剛才有多火大，只會單純畏懼你。

想要讓貓／狗知道「不可以這樣」↓時效很重要，而且光是「語調」和「氣氛」就已經足夠。

我跟露咖爹在照顧柯基扭寶的那陣子，擦了一年多整屋子的屎尿，那時候每天最害怕的，就是回家推開門，就看見一屋子的排泄物，全因為我撿回來的扭寶有分離焦慮，所以只要我一出門，她就邊走邊排泄。

有幾次露咖爹因為受不了，下班回來已經很累了，還要天天擦滿屋子的屎尿，火大之下想去教訓扭寶，我們也因此大吵了好幾次。當我問他：「你是想洩憤還是想教扭寶？」露咖爹就會冷靜下來，因為他知道打也沒有用，只會造成受傷和畏懼，甚至可能會不小心讓她學習到「咬你就可以停止被打」這件事。

下手之前，先冷靜想：如果你要洩憤，請你到旁邊冷靜一下，因為洩憤對管教而言沒有半點用，只會讓問題演變得更複雜；衝過去嚇貓也沒用，如此一來，貓往後一聽到你的腳步聲就會跑掉。一旦彼此的關係被破壞了，那貓也永遠學不到你想教他的事。

建立友善的飼養環境

貓咪有很多種白目行為：天生喜歡若隱若現的東西、喜歡捕獵、需要貓抓板，也會藉由用手去撥倒東西，來認識這個世界，如何塑造一個不讓貓咪犯罪、不讓自己火大的環境，然後提供安全、需要的玩具和遊戲空間給他們，是個很好的思考方向。

歪腰會吃布、吃塑膠；金爺喜歡吃紙、玩衛生紙；許多貓愛把杯子打破、咬電線剔牙、啃沒有收好的插頭、開抽屜與門進去探險，你所認為的這些「不乖的事」，其實是貓眼裡的遊樂場，所以我選擇把這些「讓貓覺得欠咬的東西」都收好，把有布類的房間上鎖，

紙箱排排坐，準備出貨囉！

然後給他們整個客廳，以及很多紙箱、可以破壞和殺時間的玩具（自製零食迷宮盒和貓草踢踢玩具），每天花點時間陪他們玩逗貓棒來消耗體力，讓貓幾乎沒有機會犯罪，我也就不用對他們生氣了。

除了以上方式，貓還是有會咬人、嚎叫、過度舔毛等等的問題，除了諮詢專業的貓咪行為專科醫師外，平常就要多讓貓運動，來排解他們的無聊、想要衝來衝去的精力。（我很愛看他們衝來衝去，很可愛，雖然有時候蠻煩的，哈哈！）

如果沒有趁貓咪年輕時培養玩逗貓棒的興趣的話，也可以拿些他平常超級愛吃的零食，繞著家裡走幾圈，讓貓在家裡追拿著零食的你，或是將零食若隱若現地塞在縫縫、紙箱、自製玩具裡跟他們玩，來消耗貓咪想搗蛋的精力，也是很棒的方式。

出現問題行為該怎麼辦

對貓碎碎唸不太有用，尤其是用溫柔又嗲嗲的聲音碎唸，唸完又說「你好可愛」外加摸摸，貓可能會認為你只是在跟他互動而已，甚至還覺得：有摸摸和稱讚耶！當然如果沒有想改變行為，只是單純想跟貓聊天就沒差，因為我也常用噁心的聲音對三貓說：「你怎麼炸麼可愛！」

嚴厲的眼神、表情和語調，貓狗都會感受得到。通常我會把叨唸用在一些無關緊要的事情上，因為都是些覺得貓好可愛的碎唸。嚴重的問題行為出現時，其實只需要做一件事就好，就是漠視。

漠視是什麼？就是沒有任何聲音、眼神、肢體、情感的反應，完全變成空氣一樣，這對一隻和你關係很好的貓而言，就是個莫大的處罰。

・想改善貓無端地嚎叫→漠視→讓貓知道嚎叫沒有用。
・想改善貓無端地咬你→漠視→讓貓知道咬你沒用。
・想改善貓無端地抓門→漠視→讓貓知道抓門沒用。

漠視只是當下給予的反應，並非要大家「漠視貓的問題」，漠視後，我們依然要透過專業的貓咪行為專科醫師，才能了解這些問題行為的背後，發生了什麼事。尤其是有嚴重嚎叫、過度舔毛、異食癖問題的貓。

讓心再包容柔軟一點、動作再輕柔一些。願所有的貓都能夠被好好愛護，被良善對待。

金爺：「玩得好爽哦！累屎了！」
歪腰：「幹嘛？為什麼要用那種眼神看偶？」

金爺：「完蛋惹……等等ㄔㄨㄚ 、賽……」
表情極度嚴肅的阿金 # 阿母我什麼話都沒說

我愛你們的崩壞樣

再醜的樣子，我都覺得可愛

好好的為什麼眼皮不聽話了呢？

在露咖爹帶著我認識貓之前，我壓根沒有產生過在網路上搜尋貓咪照片的念頭。

大概是覺得貓就長那樣吧？冷淡高雅，又或者都是那種「凶巴巴的獵食者一號表情」，更何況十幾年前的網路資訊沒現在那麼豐富多元，能看到的貓咪可愛照片，真的少得可憐。

剛收編歪腰，成為一枚新手貓奴之後，覺得貓真的很萌，但卻從來沒想過，某個照耀著煦煦陽光的下午，我的工作桌上，出現了像上圖這樣意想不到的一隻貓……

家有一貓，如有一寶。覺得日子過得又忙又苦悶的時候，回頭看到這些屁貓，戰鬥力就能迅速回升！

工作到一半，我疲憊的伸伸懶腰、往四周一看……這還要讓人上班嗎？（大噴笑）

抓包正在對新貨下手的歪腰！抓抓！

雖然有貓陪著工作，是件非常幸福的事，而且工作戰鬥力也會破表，真心希望能夠帶貓貓狗狗一起上班的工作能越來越多。我甚至偷偷許願：有朝一日能建立一個有貓陪上班的工作團隊。但我不得不承認，有貓在的工作場所，有時候真的會很難專心！

養了貓之後，平淡無奇的日子都會變得很有趣，心情不好的時候，看到自家貓咪睡到走鐘的那般「景色」，真的會破涕為笑，超級療癒！「養貓有益身心健康」這句話，真的當之無愧。

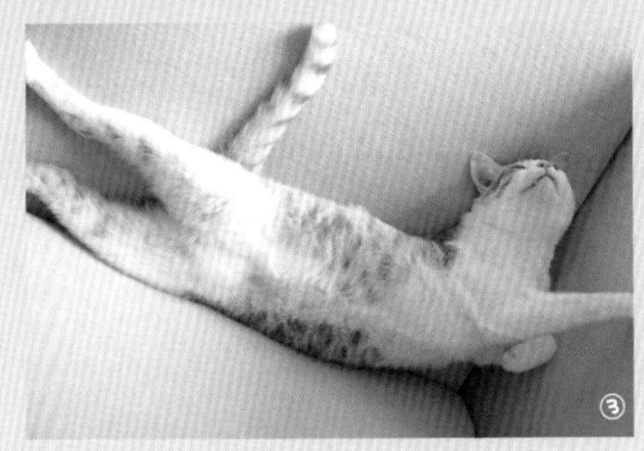

① 露咖佩：「你的舌頭忘在外面了啦！」
　歪腰：「唔？」
② 歪腰：「除了吃，拜託不要叫醒我……」
③ 睡夢中也要練一下芭蕾。

趁貓年輕時該訓練的事情

我總是期許自己不要過度地寵溺三貓，為了必要的緊急時刻，還是有一些事要趁早學習……

貓奴們都把臭貓當作自己的孩子般養大，看顧他們的健康、給予他們安全感、供給他們適當的疼愛。但為了貓貓的健康和安全起見，我會希望能趁貓咪年輕的時候，盡量花點時間，慢慢訓練他們接受原本不那麼愛的事情，比如進外出籠、吃濕食、刷牙、剪指甲之類的，就像我們不能因為小孩愛吃麥當勞，就不從小培養他們多吃點蔬菜水果吧!?

歪腰：「還不快上菜！！」

各形態食物加減吃

我會希望自己的貓能夠接受各種型態的食物，包含鮮食、生食、主食罐、副食罐、乾糧、凍乾、零嘴……等等。市面上和網路上有許多書籍和資訊可以參考，讓我們知道貓咪必須攝取的營養，以及如何看懂貓食的成分分析，這些絕對是優質貓奴必學的功課之一。

看得越多，越覺得自己懂得好少，所以這部分我都會推薦貓友們，多看、多聽、多學習，並且找到能信任的獸醫師和你溝通討論，來長期追蹤你家貓咪的飲食和身體健康。

願意接受濕食的益處不少，除了多喝水的好處多多，選擇較佳的品牌。也能獲得不錯的營養攝取。如果把眼光放得更遠，貓咪的老年生活，可能因為口腔問題而失去牙齒，若是能提早接受泥狀主食罐拌水餵食，讓貓未來的飲食習慣不會驟變，那貓貓的老年和疾病癒後的生活，都能更無壓、更有品質。

無論是什麼食物，只要多注意成分比例，加上貓貓願意吃，那就是好食物。

也無論是主食罐、副食罐、鮮食、生食，或者是乾糧，都還有很多細部的知識需要學習，這部分大家就當作練等級吧，畢竟優質貓奴等級可不是那麼好刷的哦！

生食其實沒有我想像中的可怕，選擇可信任的商業生食，是初學者很好的入門方法。

看著三貓�租租租，實在是太療癒了～

多動才能萬萬歲！

如果不在貓貓還小或年輕的時候，多培養玩逗貓棒的興趣，那就更別提未來想要做的體重控制，還有排解憂鬱情緒、處理貓咪問題行為的目標了。

因為以前去聽過林子軒醫師的講座的關係，所以我才知道，玩逗貓棒對貓咪而言，真的很重要！那不光只是追追咬咬的遊戲而已，更是有運動、排解壓力、消耗精力的優點，超級有益身心健康！而且我覺得貓咪獵捕到逗貓棒後，能夠盡情處理「獵物」，也會讓貓貓變得很有自信！

陪玩逗貓棒，對貓貓和貓奴都非常有益身心！

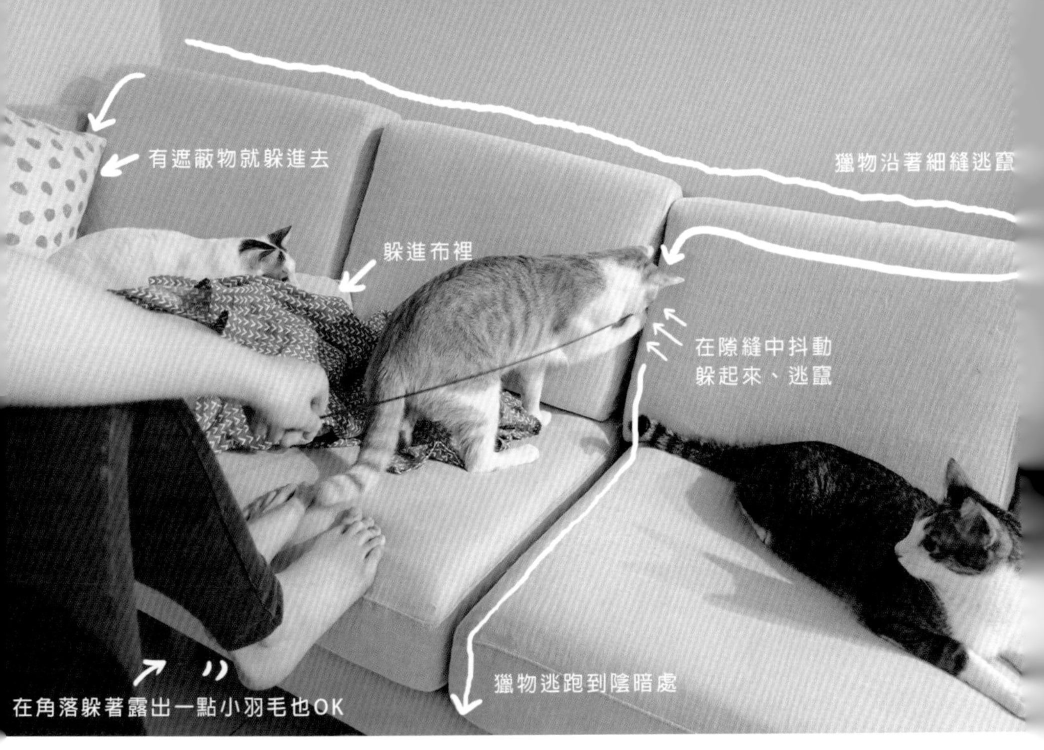

露咖三貓的獵物逃跑路線

貓奴小筆記

身為稱職奴才，怎麼演出躡手躡足、若隱若現、循著角落正在逃跑的獵物？可以試試這些辦法：

- 藏身在有點陰暗的角落
- 循著邊邊角角落跑
- 忽快忽慢的逃跑節奏
- 躲在障礙物旁邊抖動
- 躲起來而若隱若現
- 只露出羽毛的一小角
- 在布的下方抖動或竄逃
- 跑去碗裡偷吃東西（當然是演的！）
- 不能跑或飛得太快，或是沒有能被追捕的軌跡
- 觀察每隻貓的習性來演出他們喜歡的獵物

外出籠出門，好有安全感！

親訓都是為了您

為了日後能夠接近自家貓咪，好替他們驅蟲、抱進外出籠去看醫生、地震或火災逃生、清理、剪指甲和梳毛等等照護，對自家貓貓多親近是必要的。

歪腰這貓人人好，只要有吃的，他都願意給個機會；ANIKI算是我的命定貓，第一次見面就不矜持地窩上我的大腿；金爺則是我們家比較難親近的貓，就算在一起生活了幾年，直到此時此刻，他也只允許自己主動靠近我，如果是我想要靠近他、侵犯一下屁屁或肉球，也完全要看他心情。

對怕生的緊張貓而言，親訓很不容易，

也很辛苦，提供隱密的紙箱和不打擾的距離美，適時用浴巾包裹輔助親訓，還有萬惡的肉泥罐罐，都可以適時來做短暫的親密訓練！

我們家除了手電筒那些一般家庭的急難備品以外，貓奴家必備的，就是穩固無法逃脫的外出籠。適當大小的洗衣袋，是我們家為了在火災或地震的時候，能以最快的速度好好抱著三貓，避免他們在家裡因嚇到亂竄，而被倒塌的家具或破碎玻璃傷害，甚至在必要時能用洗衣袋抱著落跑！所以，平常我們會使用洗衣袋搭配肉泥來剪指甲，並在專用的洗衣袋貼上有我們的手機、本名和聯絡地址的紙條，避免我們失散。

我跟露咖爹也說好了，雖然我們半年至一年才帶三貓給太醫們做健康檢查，但如果有空，我們會想用外出籠帶三貓開車去鄰近的公園，短暫曬曬太陽（當然也要記得注意通風和溫度），並且隔著外出籠餵肉泥。這件事也可以在自己家裡做，讓貓學習到「進到外出籠不會怎樣，而且還有得吃」呢！

每年一摸，永保安康

我很推薦大家可以多趁貓貓年輕的時候，每半年至一年就帶到信任的獸醫院做健康檢查，追蹤口腔健康以及各方面的血檢數值。

如果貓咪從來沒有外出給太醫們看過，導致生病或年老時有了就醫需求，那對貓而言，會無比的陌生和恐懼，而且因為過往沒有沒事給太醫們撫摸診治的良好經驗（摸摸有肉泥吃、給太醫摸摸而已，沒事！）而是初次看醫生就進行許多侵入式的治療，對貓來說，也可能會有不小的陰影，讓他們對就醫非常恐懼，生病就已經狀況不好了，還因為緊張而血壓升高、生理機能更加窘迫，出門看醫生就像要了他們的命一樣，真的很辛苦！

從貓咪年輕的時候，進行每年的例行性健康檢查，也能追蹤未來可能出現的疾病問題，防範勝於治療，知道有哪方面疾病的可能，進而保養和預防，對貓生而言實在是優點多多。

金爺：「今天是哪位太醫輪班啊？快來看看少爺我的龍體健康否！」

三貓玩逗貓棒的性格分析

不同個性的玩法大公開

歪腰

最愛玩逗貓棒，羽毛被玩到禿，只剩下黑點也愛。

喜愛風格

喜歡躲在暗處與隙縫處、偷碗裡食物吃的獵物。會追著逗貓棒的軌跡狂奔。

玩瘋程度

非常容易。

體力

年紀最大加上最愛跑，體力易耗損，累了會自己休息看弟弟們玩。飯前一個晚上可以玩四回，每回約五分鐘。

ANIKI

較慢熱，需要炒氣氛，現在越來越愛玩，會追著逗貓棒狂奔。

喜愛風格

喜歡躲在暗處與細縫處，獵物不能跑太遠，追不到的會放棄。

玩瘋程度

需要熱身。

體力

骨架大也愛跑，對跑太快的獵物易放棄。通常會讓哥哥先玩，飯前一個晚上可以玩四回，每回約六分鐘。

金爺

同樣的逃跑方式會覺得無聊。

喜愛風格

喜歡躲在縫隙的獵物，特愛在布裡躲藏的移動物，不愛追但卻喜歡撲倒獵物。

玩瘋程度

非常慢熟，需要熱身，真的玩起來了也稍微會追著跑。

體力

年紀最小，都先讓哥哥們玩累了才開始玩，飯前一個晚上大概可以玩四回，每回約五分鐘。

金爺：「在布裡逃竄、抖動的獵物實在太太太欠挖啦！！」

ANIKI 和金爺算是比較不容易一下子玩很瘋的貓，所以玩逗貓棒之前，我有時會給點貓草粉或貓草玩具來助興。

另外，ANIKI 對於跑太快的獵物，就會變得比較懶得追，所以當他上勾時，我會讓逗貓棒和 ANIKI 在追趕的過程中，保持在鼻子快要碰到的距離，這樣會讓 ANIKI 很想獵捕到逗貓棒，玩瘋了也開始整間屋子追著逗貓棒跑囉！

讓你的寶貝貓去捐血救外頭的主子，你願意嗎

如果有能力讓貓貓吃得好、睡得爽，同時又符合捐血貓的資格，也許我們能夠幫得上忙，救救外頭的主子……

正在看文章的你們，有想過這件事嗎？某年夏天，我撿了隻在路邊遊蕩好幾天的老柯基回家，她全身都是壁蝨，眼和腳還有肉瘤。我和露咖爹一起照顧了一年，因為有空弄鮮食和陪運動，所以柯基的精神活力和身體狀況都越來越好，我也想著日子可以就這樣好好走下去。

日子過得開心，直到有天我發覺扭寶精神不好也不吃東西，那幾天剛好我和露咖爹在處理家人的喪事，趁著空檔回家把扭寶送到醫院就診的當下，獸醫師猜測是過去艾莉西體復發的關係，需要再觀察，但隔了一天，我就接到獸醫師打電話來告訴我，扭寶

血容比非常低，要我立刻轉院和輸血。

貓友犬友好重要

才走了隻養八年的臘腸，面對死亡和離別，還是不能從容面對。我靜靜聽醫生和護士說扭寶的目前狀況，然後捏著手心，在臉書上發文找血犬。後來透過熱心柯基友的幫忙，我拿到一些會願意捐血的柯基飼主的電話。

那天下著雨，我站在診所的屋簷下，剛剛就一直強忍的淚水終於忍不住，我開始放聲大哭，儘管心裡知道沒有時間哭，也不想浪費時間哭，但還是忍不住。然後我告訴自己，要趕快打

歪腰和扭寶適應了一陣子後，彼此到了可以啾咪對方的友達程度，看到姊弟倆這麼相親相愛，我真心覺得好欣慰 XD 儘管時光飛逝，但在整理照片的此時此刻，眼淚還是不小心就奪眶而出惹 QAQ

起精神，號碼一個接著一個快點撥就是了。

電話有的有接，有的沒接；時間上也有的人有空，有的人剛好幫不上忙。茫茫狗海中，要找到能和自家狗能配對上的血型，我不知道機率有多少，何況手上也只有少少幾組的電話號碼。我忍著焦急的心情盡量打電話，然後在等待的時候，乞求上天不要這麼快帶走她，再怎麼感到無助，還是得要堅強。

時間一分一秒過去，我很感謝當時每一位幫助我的柯基友和他們的寶貝，還有獸醫師。有的來捐血的柯基寶貝是吃濕食，抽出來經過離心處理成的 **PRF**（富含血小板的纖維蛋白）等等成分血都更優質，這也讓我深深相信，飲食對每一個地球生物的影響力有多大。

等待配對和輸血後的時間是煎熬的，希望落空的挫折，更是只能忽視，因為我知道我正在和時間賽跑。扭寶到最後已經沒有辦法醫治了，年紀大的扭寶承受不起可能沒有勝算的更多手術，就在我和露咖爹處理家人喪事的過程中，她離開了這個世界。那個時候，是柯基友幫我帶扭寶去火化的，就和波利花葬在一起，我非常感謝他們，這些人是能夠讓我放心、也把扭寶當寶貝的犬友。

可能因為這樣的過去，我認為結交貓友是很重要的，無論是相互勸敗買買，還是面對日常生活上的貓咪照顧問題。無論是轉食、照顧貓咪生病時心情上的不安和焦慮，我都會想好好陪伴大家，因為我知道要面對這些關卡，真的很容易心力交瘁，相互給予支持、力量和資訊，顯得很重要。

不是每隻貓都能捐血！

如果可以，有抽血經驗的貓會比較好，個性不易緊張，對進出醫院比較不會崩潰，免得讓貓本身壓力過大而導致生理機能下降。所以每年例行性的健康檢查，以及平時多親近醫師的訓練，對貓自己本身和助其他貓而言，都好。

要捐血助貓的年紀會需年輕一點，最好是一至五歲內、體重五公斤以上，無愛滋、白血，甚至是血液寄生蟲病史。配對時要先做血液健檢（肝腎紅白血球），確定本身的狀況正常，才會對貓咪們進行抽血及輸血。

最後更重要的，就是近三個月內無捐血行為。因為捐血助貓的貓咪本身必須得到休息，所以我跟露咖爹有討論過，同一隻貓捐血至少要間隔三個月至半年，如果會捨不得，拉長到一年也可以。

如果我家的貓符合上述條件，而我又有能力讓三貓吃得好、睡得爽，天天玩逗貓棒開運動會養得很健康，那真的沒什麼理由不去幫幫忙呀！

我們一起健康長大，也在能力範圍內幫助外面的貓貓！

捐血前、後的注意事項

帶貓去捐血前，最好要能了解自家主子近期的身體狀態。像歪腰的腎指數比較危險，我就不會輕易讓歪腰去捐血（他最愛喝水和吃濕食，但腎指數卻危險，醫師說可能是體質問題，若沒吃濕食和騙他喝水，也許情況會更嚴重）；而ANIKI是非常健康的小胖子，平常也吃得多，所以我就會讓他去當個捐血小英雄！

貓的血型有A、B和AB三種，其中以A型最常見，B型比較少、AB型更稀有。如果想知道家裡的臭貓是什麼血型，可以從每年的例行性健康檢查中得知。了解自家貓咪血型的好處，就是在危急需要的時候，能夠快速發出訊息，徵求其他捐血貓幫忙。

貓捐血前需要禁食或不能吃太多。和對方聯繫好之後，把貓咪帶到約好的醫院先剃點毛和抽10c.c.血來驗血型與配對，等到醫生觀察配對結果是OK的，就會再抽比較多的血來捐給對方。

貓咪捐完血後，身體自然是會比較虛弱，所以要注意保暖，以及觀察後續的食欲和精神狀況，最好能用主食罐或鮮食肉泥補一下啦！

以貓助貓，身為貓奴的我們也彼此加油打氣，在臭寶貝生病的時候，貓奴們一定都會身心交瘁和煩心，還記得我那時候幾乎都睡不好、吃不下又常常偷哭，犬友的一句加油和一記溫柔而有力量的眼神，都能給予莫大的力量，讓溫暖的愛傳遞下去。

貓奴小筆記

捐血貓的條件和要求：

- 平常有訓練，不抗拒進外出籠
- 就醫就診、打針抽血不會崩潰
- 有抽血健康檢查的經驗佳
- 個性較不易緊張
- 身體狀況優
- 年紀處於青壯年最好
- 體重和生理機能也有所要求
- 平時有預防寄生蟲
- 近期無捐血行為
- 飼主須要能接受採血處被剃毛和消毒

ANIKI：「捐個血當貓貓小英雄！沒問題抖～」

複製、貼上！同步貓～貓貓貓

令人受不了的呆萌樣！

各位觀眾！三隻蝦～

不知道是不是三貓在一起生活久了，幫對方理毛彼此口水互相吃多了，所以我們家越來越常出現一些「複製、貼上」的同步畫面。

話說在金爺剛收編進露咖家的時候，就經常出現「跟隨歪腰腳步」的動作出現，像是跟著歪腰探險、跟著歪腰玩紙箱、跟著歪腰窩在窗邊等等，有種小貓偷學大貓的感覺，真的又屁又可愛！

養多貓的好處之一，就是能不經意地在家裡看到這樣的貓堆日常，一隻學一隻的呆萌樣，會有股莫名的喜感在心中蕩漾～

歪腰：「貓生就是如此閒情逸致呢！」
金爺：「學葛格 ♫～」

ANIKI：「阿母又在拍照了。」

金爺：「剛好站你旁邊很顯瘦！」

金爺：「葛格快看有小鳥姊姊！」

複製、貼上！一起陪馬麻辦公……ZzZzZ

心愛的寵物離世了：談愛的延續

每個生命的到來和離去，都讓我們更知道可以怎麼去愛。「如果這份愛能夠透過不同的形式延續下去，那會不會變得更燦爛？」我心裡是這樣想的……

養了好幾年的貓貓狗狗過世了，你們會再養嗎？曾經有朋友說過，她心愛的寵物過世了，全家都好難過，自己也哭了好幾個月，所以不敢再養了，儘管我知道「失去」是個很悲傷的歷程，但心裡還是對於朋友不再養貓貓狗狗的這件事感到可惜，因為她是個盡責的主人。

雖然失去的時候很痛、很難過，但我都會告訴朋友，「不要因為害怕失去而不敢擁有」，肉體雖然脆弱、生命即便短暫，但靈魂卻可以堅韌，回憶甚至能夠永垂不朽。

「愛的延續，讓我知道，我對他們的愛依然存在。」

臘腸波利和柯基扭寶離開這個世界，不知不覺也已經好幾年了，二零一七年的倒數第三天，我夢到自己和波利在公園裡跑跑，她正在吃一種很好的乾乾，但我卻要她別吃了，因為我要她吃鮮食肉肉，我還在夢裡急著想拍照分享給狗友聊聊。然後，我就在一個陽光非常美、氣溫非常舒服的十二月二十九日早晨醒來⋯⋯

「啊⋯⋯是夢⋯⋯」

然後我就跟身旁還在睡夢中的隊友說：

「我夢到波利了欸～她過得很好哦～」

珍惜和你在一起的每一天（啾）

不急救同意書，簽不簽？

波利是被誤診病情，惡化到沒有辦法挽救而離開的，家醫類的獸醫專科經驗不多，當時轉院一再被制止，第一次遇到這樣的情形，我沒有結交狗友，沒有加入社團，身邊好好養狗的朋友不多，我不知道還能怎麼做，只知道上網查資料和相信醫生。

輾轉到最後，波利已經快不行了，腦部專科獸醫師也表示，台灣對小動物腦部專科經驗不足，家醫類獸醫師對於核磁共振和斷層掃描的分辨，還有「眼球震顫早就能夠判別介入手段和適合的醫療資源」這件事，也大多不夠了解。

無奈，轉到臺大動物醫院的時候，波利已經是瀕死了……

下著雨的下午，我搭著計程車用小被子抱著波利到臺大動物醫院，馬上就能安插到急診（原本的醫院說，就算轉台大也要排隊）。接手的獸醫師詢問為什麼現在才送來，解釋的同時，醫生要我簽下不急救同意書……

捨不得放手、不願意相信，但更不忍心再讓波利受不必要的痛苦……那個選擇的瞬間真的非常、非常煎熬……

「我該怎麼做……？」

「我簽了，我可能隨時會失去波利；我不簽，那波利會承受不必要的醫療介入增加痛苦……」

「我以後再也抱不到她了，怎麼辦？我努力了這麼久，為什麼會變這樣？」

我對著身邊的露咖爹哭喊，他看著我，沒有說半句話。

我蹲坐在樓梯間，獸醫師還在等我簽下波利的不急救同意書，我第一次感覺到無底的無助感和兩難，沒有任何人能幫我決定……

當然，最後我是簽了，心很痛地簽了。

波利在臺大動物醫院急診的那幾晚，我幾乎每天睡前都會哭，很害怕接到的電話，是通知我波利離開的消息，所以我變得很厭惡手機，但如果是好消息呢？我還是有那一絲的希望……

直到有天早晨七點左右，臺大動物醫院吳醫師親自打來跟我說，波利走了。老實說，我當下很淡定，而且放了心中的大石頭。

「波利不痛苦了……她解脫了……」

打字打到這裡，我還是會忍不住開始哭了……

前往醫院的路上，雖然心裡隱隱在痛，我還跟朋友一起嘻笑，直到我踏進醫院看見吳醫師的時候，我的淚水完全潰堤，哽咽到沒辦法說話。

「波利很安詳地走了，沒有太多痛苦，妳可以去看看她。」

我看得出來吳醫師的無奈，我也很感激團隊盡力幫我照護已經瀕臨死亡的波利，儘管那時候急診已經額滿，完全沒有床位。

我走到一間小房間裡，空蕩蕩的桌上有個紙箱，波利一動也不動地睡在裡頭，「安靜得死寂」大概就是這種感覺吧……當時我完全無法正向的去想什麼接受「離開是事實」的這件事，只覺得老天爺對我不公平！半年內跑了近十間的醫院、花了不少錢、上網查很多資訊，求助每一位醫生並提出我的質疑，但為什麼，到最後還是變成這樣？

「我以後再也抱不到她了怎麼辦……？」我再一次潰堤。

安靜得可怕的空間，有我和在紙箱裡的波利。我在那時候，對波利說了很多話，告訴她我有多愛多愛多愛她，但是她現在不痛了，也不用再徘徊在這個世界上，我希望她能放下我，還有這個世界上美味的肉肉、好玩的玩具，到極樂世界去。還有告訴她，我永遠都愛著她。

給自己一段時間，盡情地懷念與悲傷

最難過的，大概是波利離開後的那幾個月，我已經忘記那時候我還有沒有在跑韓國批貨，但很確定的是已經離開心理社工界了。那幾晚，我幾乎天天作夢，夢到波利的病好了、夢到和波利一起出遊，又或者是波利回到這個家裡來了。

我在夢裡還很疑惑，到處問人：「波利不是生病了嗎？她好了嗎？她可以跟我回家了嗎？」然後很開心的在夢裡抱著她，但醒來後接著的，是很疼的痛哭。

白天起床後，失落更是真實的存在。沒有波利吵著要吃飯、沒有要帶去大便尿尿、沒有要抱抱的撒嬌、沒有下班時的迎接、沒有一起看電視的晚餐時光、沒有往常需要的洗澡擦腳等等等等，所有應該要出現的畫面和場景，還有應該要發生的日常，都不會再有。

最可怕的是空空的睡窩，還有整理出來的遺物，那些東西擺在一起，就像是心被挖空的感覺，很徹底，也很真實。

愛的延續，不限時空

波利走了一年多後，我才有勇氣去翻開存放波利照片的資料夾，在這之前如果不小心看到照片，我會潰堤，然後腫著眼睛去上班。邊笑邊哭地看波利的照片，心裡是幸福的，遺憾、經驗，還有會帶在身上一輩子的幸福，這些都波利留給我的。

「波利走了，你還想再養嗎？」朋友會這樣問我，是因為他們知道八年的時間不短，也知道那陣子的我很難熬。

「心愛的寵物離開了，會不會再養？」這也是很多人的問題，當時的我就已經知道，我會再養，只是沒有那麼快，但我願意把我對波利的愛，透過各種方式再繼續延續下去，甚至是愛狗及狗、愛貓及貓，愛人及人。

回憶起那些波利小時候還不會上廁所、搗蛋亂咬電線、出去愛吃地上東西的過去，我發現是她教會我怎麼去愛，還有「如何變通自己來對待一個生命」！所以從那時候開始，我才開始參加貓貓狗狗的愛心活動、默默捐款、幫忙拍送養照片，做我能力範圍能做的事情，也量力而為。在做這些事情的時候，我想的都是我對波利和扭寶的思念，還有對這些生命的疼惜。

不要因為寵物的離開，而放棄延續這份愛。離開和失去的歷程真的很痛苦，但生命有自我修復的能力，所以我們可以允許多給點時間給自己，等待自己準備好之後，再把那份愛繼續延續下去。

延續的方式也有很多，透過認養、參加愛心義賣或是各種志工活動，關注動保議題等等。不要放棄這些愛，把思念付諸成實際行動，在可以負擔的經濟和時間精力之下，去照顧同樣身為貓貓狗狗的那些小生命，這一切都會變得更加有意義和燦爛美麗。因為，我們都曾經擁有最幸福的那段時光。

correct,
than a
A GLIB view of the
the First Family's
gy is shared by many
Americans. But the

波利和扭寶永遠都在，我對她們的愛，不限時空。

與街貓共存

流浪貓狗是個公共議題，盼望在伸手不見五指的黑暗中，依然循著光點攀走，我們學著做、拎著走，並期待著發芽長成森林的那天……

對於「街貓」這個詞，我以前不會有什麼特別的感覺，但「流浪貓」這三個字，卻讓我感到不捨和憂心。除了寫法不同以外，「街貓」和「流浪貓」之間的具體區別會是什麼，我也沒特別去想過。直到參加拼圖喵中途之家的活動會，有機會和創辦人陳人祥聊了個天後，我才驚覺到這兩者之間，有大大的不同。

「流浪貓」在街頭流浪，當我打著字、而你看著書的此時此刻，那些貓可能正受人驅趕，拖著令人擔心的軀體，帶著不被接受的、受人類憐憫的標籤，在菜市場、街頭巷弄間流浪。

「街貓」之所以為街貓，某種程度上的意義是「友善共存」的。在地居民盡可能隨手提供街貓生活所需的「物資」、「空間」和「適當的協助」。因為這些貓本來就是生活中自然存在的生命體，和人類地位平等且能共享環境，是被接納、了解與尊重的生命。

我曾經問過陳人祥：「難道你不怕掛起了拼圖喵中途之家的招牌，會有人來惡意欺負這裡的貓，或者是傷害這裡、丟棄貓咪在這裡嗎？」

「我不怕，而且我還要把招牌高高掛起！妳有沒有覺得這是件很有趣的事，我們在做的明明就是對的事，為什麼好像卻要躲起來、偷偷摸摸地做呢？」

我得說，我真的笑了。他腦袋瓜子裡正向又充滿力量的一些想法，很直接也很跳脫框架，完全翻轉我原本無力又焦急的心。

雖然後來我和不少貓友分享這段對話，也被潑了些冷水，覺得這件事太過理想化。但拼圖喵中途之家正在做了，不定期的媒體和學校參訪，許多種子透過教育和媒體都正在播下。

期待，發芽長成森林的那天。

人人能做到的友善貓咪和 TNR

流浪動物一直以來都是公共議題，愛護動物的人，只不過是願意先領頭去改善的一群人。流浪貓之所以為流浪貓，是因為人的佔地為王和無法平衡，在街頭生存的貓，並非生來就該被如此對待。

我相信有很多關注這一塊的優質貓奴，都知道所謂的 TNR（即 Trap、Neuter、Return 的縮寫），也就是以誘捕、絕育、放回原處的人道方式，來有系統管理和控制流浪貓狗數量的方法。

誘捕：對沒有剪耳（結紮標記）或是懷孕的街貓進行誘捕。

絕育：帶街貓去進行結紮手術，於麻藥退前在公貓的左耳、母貓的右耳截去一角作為標記。

原放：結紮後的街貓，點上除蚤藥和施打疫苗原放。如果貓咪很親人，或是受傷了不適合原放，就會靠志工來送養，或在協會休養。

如果你的左鄰右舍、鄰里長或家人都很討厭貓，那更要告訴他們做 TNR 的重要性和超棒的優點：

・TNR的貓就不會有發情、爭奪地盤打架、亂噴尿等的問題發生。

・TNR的貓就像是行動除蚤機，因為點了除蚤藥，所到之處剛好讓跳蚤都死光光。

・TNR的貓已經絕育，就不會再一直生小貓。

誘捕、結紮點藥、和可愛的貓友善分享環境。

一個鄰里內的街貓都做好TNR，並且得到居民友善對待，就會產生生物之間，自然找到環境資源分配平衡的「真空效應」，也不會有外來的貓能再入侵，而這個區域內的貓和人，就能一起共享這個地區。

貓奴小筆記

什麼是真空效應？

在一個地區內，有一群流浪動物依靠當地的資源生存，但因為沒有結紮，而繁殖增加過多的數量，造成因資源不足，而產生攻擊行為或生物外移。若只將地區內的流浪犬貓撲殺、抓走，並不能解決流浪貓狗的問題，因為地區周遭的流浪動物，會受因為該地區有資源得以生存而被吸引過來，這就是所謂的「真空效應」（vacuum effect）。

我們能做些什麼？

我認為友善貓狗動物，是培養道德良善和維護社會規範的基礎，尤其在這個動蕩不安的社會，這件事，變得更需要以身作則來教育下一代，以及影響身邊的人。每個人只要帶著這一份心，甚至如果有餘力，還可以強化自己變成「優質貓奴進化版」哦！

想實際付出行動，你可以這樣做：

- 以行動支持你關注的動保議題，比如連署、遊行、公投等等。
- 「關注」你喜歡的愛爸愛媽、中途之家或民間團體。
- 捐發票給你喜歡的動保單位。像我是都捐給 52668，因為很好記 XD
- 小額或大額的捐款、助養、助紮、助罐、協助醫療等等。
- 學習辨認什麼是動保蟑螂（收容地點不透明、不公佈完整收支帳目與醫療相關收據、前後描述不一，或無法清楚交代救援的貓狗後續狀況）。

如果有餘力，可以學習如何乾淨餵養街貓、街貓問題的應對策略、請求協會幫忙與社區鄰里溝通、讓更多人認識街貓，以及引導身邊的人學習如何與街貓共存等等，讓更多更多的貓咪可以因為我們對貓咪的愛而受惠。

貓奴小筆記

這邊整理了幾個露咖佩佩自己平常關注的協會單位，給眾貓奴參考：

【TNR 菜鳥日誌】：在這邊可以學到許多 TNR 知識！

【台北市流浪貓保護協會】

台北市信義區信義路六段81號

02・2726・1079

【財團法人台北市支持流浪貓絕育計畫協會】

台北市八德路三段12巷53弄6號

看著他們可愛的小睡臉，就也想努力一起愛貓及貓！

貓奴的小確幸：裝扮貓貓

捉弄臭貓的小樂趣

金爺：「我是一顆糖果～快吃我快吃我～」

我們家有很多種貓咪頭套，大部分是扭蛋轉來的，還有一些是跟中途貓咪的愛爸愛媽買的，假日的午後或下班後，我也喜歡趁著三貓在打盹的時候來捉弄他們一下，看到他們戴上後的模樣，真的超級可愛。

我曾經想幫三貓弄個衣櫥收納這些頭套，但目前的空間有限，所以洗好後就用夾鍊袋分類收好。如果不收好的話，有可能會被咬爛，因為絨布材質就是歪腰的最愛……養貓就是要把東西收好，然後再放上一堆他們能盡情破壞的玩具呀！

ANIKI：「有吃的再叫我好嗎？當招財貓很累欸～」

（發出塑膠聲）
ANIKI：「有肉肉了嗎？」# 眼睛閃亮亮地坐起

歪腰：「？？唔……」

歪腰：「花生省麼事？？？？」

原來是兔子呀！我還以為是貓呢！

我的貓系生活

有貓的日常，讓我們更懂得愛

作　　者　露咖佩佩
編　　輯　簡語謙
校　　對　簡語謙、徐詩淵、露咖佩佩
美術設計　劉旻旻

發 行 人　程顯灝
總 編 輯　呂增娣
主　　編　徐詩淵
編　　輯　吳雅芳、黃匀薔、簡語謙
美術主編　劉錦堂
美術編輯　吳靖玟、劉庭安
行銷總監　呂增慧
資深行銷　吳孟蓉
行銷企劃　羅詠馨

發 行 部　侯莉莉
財 務 部　許麗娟、陳美齡
印　　務　許丁財
出 版 者　四塊玉文創有限公司

總 代 理　三友圖書有限公司
地　　址　106 台北市安和路 2 段 213 號 4 樓
電　　話　(02)2377-4155
傳　　真　(02)2377-4355
E-mail　service@sanyau.com.tw
郵政劃撥　05844889 三友圖書有限公司

總 經 銷　大和書報圖書股份有限公司
地　　址　新北市新莊區五工五路 2 號
電　　話　(02)8990-2588
傳　　真　(02)2299-7900

製版印刷　卡樂彩色製版印刷有限公司

初　　版　2019 年 12 月
定　　價　新台幣 350 元
I S B N　978-957-8587-97-7(平裝)

國家圖書館出版品預行編目 (CIP) 資料

我的貓系生活 : 有貓的日常 , 讓我們更懂得愛 / 露咖佩佩作 . -- 初版 . -- 臺北市 : 四塊玉文創 , 2019.12
面 ;　公分

ISBN 978-957-8587-97-7(平裝)

1. 貓 2. 寵物飼養
437.364　　108019357

貓，請多指教 1：
今天就是我們相愛的開始

作者：Jozy、春花媽／定價：250 元

還記得怎麼跟你家毛孩相遇的嗎？在領養所內一見鍾情？在中途媽媽懷中被萌樣擊倒？在回家途中的意外相逢？透過萌度破表的可愛漫畫，體會那些與貓兒們相處的爆笑與溫暖。

貓，請多指教 2：
每一聲喵都是愛

作者：Jozy、春花媽／定價：230 元

等著你回家的每一個傍晚，在你身上來回的每一下踩踏，期待你餵食的每一聲呼喚……你的人生與他的貓生，如此美好且溫暖。透過可愛又迷人的漫畫，想起你家最寶貝的毛孩們。

貓，請多指教 3：
用最喵的方式愛你

作者：Jozy、春花媽／定價：290 元

為什麼貓兒總是不喝水？為什麼時常尿尿在床上？如何搞懂貓咪的心思與需求？該怎麼解讀喵星人的一舉一動？愛他就要先了解他……超萌的四格漫畫，分享寶貝們的心裡事，讓你用更體貼的方式愛他們。

藏獒是個大暖男：
西藏獒犬兒子為我遮風雨擋死，絕對不會背叛我的專屬大暖男

作者：寶總監／定價：320 元

只要你對狗好，狗就會加倍的對你好，西藏獒犬小兒子巴褲給了我一輩子頑固的忠誠。人生低潮時不離不棄的陪伴，遇到外敵時毫不猶豫的守護你，這就是我的專屬大暖男巴褲。

世界因你而美好：
帕子媽寫給毛孩子的小情書

作者：帕子媽／定價：320 元

帕子媽與毛孩子之間彷彿有種頻率，在這個世界上，他們對彼此的愛都是唯一。在街頭餵養、救援的時刻，在診間治療、手術的時刻，與毛孩子的相遇，每分每秒都是獨一無二的美麗。

跟著有其甜：
米菇，我們還要一起旅行好久好久

作者：賴聖文，米菇／定價：350 元

一個 19 歲的男孩，一隻被人嫌棄的黑狗（米菇），原本不可能有交集的生命，在一個如常的夜裡有了交會。男孩開始學習與狗相處，米菇開始信任人類；最後他們決定，即使米菇只剩 2 年壽命，也要一起去旅行。

奔跑吧！浪浪：
從街頭到真正的家，莉丰慧民 V 館 22 個救援奮鬥的故事

作者：楊懷民，大城莉莉，張國彬／定價：300 元

不論是海邊流浪的、街頭餓肚子的、從倉庫中搶救出來的，毛孩子傷痕累累的身體，以及受傷的心靈……都在作者滿滿的愛之下治癒，這是人類與毛孩子一起攜手奮鬥的故事，是天地之間，最觸動人心的篇章。

為了與你相遇：
100 則暖心的貓咪認養故事

作者：蔡曉琼（熊子）／定價：350 元

每一隻街貓都有一個不為人知的過去，他們都曾經在不安與恐懼下生活，所幸，我們仍有愛，在愛媽愛爸的努力下，他們幸運的擁有了家，找到了許久不見的幸福！

太太先生之不管神隊友還是豬隊友，你就是我一輩子的牽手！

作者：馬修／定價：280 元

太太的心聲：有時候真的不需要買昂貴的禮物或鮮花，只要一個擁抱或關心，就會心滿意足；也用幽默的對話提醒太太們，男人有時候只是忘了將愛說出口、只是偶爾想打個電動而已啦！

有一種愛情：是你，才夠浪漫

作者：粗眉毛／定價：299 元

儘管沒有少女漫畫裡的浪漫情節，儘管總是吵吵鬧鬧又互相調侃，但是在你身邊總是能坦然自在地做自己；不管日子是精采還是平淡，我們也能互相扶持，一起成為彼此的依靠。

全世界我最愛你：太太先生 3

作者：馬修／定價：250 元

讓腦公變身暖男歐爸的最新祕笈壓軸上市！當太太變成媽媽，先生變成爸爸……會有哪些讓人捧腹大笑、動人溫馨的故事？翻開本書你將發現，感情與婚姻的路上，還有太太先生的陪伴。

謝謝你愛我：太太先生 2

作者：馬修／定價：250 元

腦公總是叫不動、眼睛老是黏在電視和手機螢幕上嗎？倒個垃圾要三小時、做家事要三催四請五拜託！！這回，作者馬修和太太攜手，公開最私密、最有效的腦公訓練秘笈，獻給全天下的太太與女朋友們！

我去安地斯山一下：
謝忻的南美洲之旅

作者：謝忻／定價：390 元

拎起背包，跟著「外景小公主」，來去安地斯山一下吧！謝忻透過細膩的觀察、溫暖的人情關懷、偶爾流露出的無厘頭調皮性格，為讀者勾勒出不一樣的南美風貌。

到巴黎尋找海明威：
用手繪的溫度，帶你逛書店、啜咖啡館、閱讀作家故事，一場跨越時空的巴黎饗宴

作者：羅彩菱／定價：380 元

跟著文豪海明威的足跡，漫遊在巴黎二十區，體驗更多不為人知的巴黎！

澳洲親子遊：
趣味景點╳深度探索╳免費景點╳行程懶人包

作者：鄭艾兒／定價：380 元

除了袋鼠、無尾熊，還能搭消防車逛大街、學衝浪、玩室內挑傘……還有知名地標雪梨大橋與歌劇院，澳洲比你想像的還好玩，帶著孩子，全家一起出發吧！

太愛玩，冰島：
新手也能自駕遊冰島，超省錢的旅行攻略

作者：Gavin ／定價：350 元

追極光、泡溫泉、賞瀑布、登火山……詳細的自駕資訊、絕美的私房景點，跟著本書一起體驗高 CP 值的行程，探索冰與火相互交織的國度。

姊妹揪團瘋釜山 2019 增訂版：地鐵暢遊 x 道地美食 x 購物攻略 x 打卡聖地，延伸暢遊新興旅遊勝地大邱

作者：顏安娜，高小琪／定價：360 元

規劃必玩重點，掌握旅遊精華，介紹來韓國絕對不能錯過的絕頂美食！跟著人氣部落客顏安娜，瘋玩韓國！

清萊。慢慢來：必訪文化景點╳絕美產地咖啡館╳道地美食╳在地人行程推薦，讓你一次玩遍清萊

作者：尤娜／定價：380 元

長住清萊的旅遊達人帶路，豐富的觀光景點、達人的吃喝口袋名單，連行程都安排妥當，一書在手，即刻出發！

享受吧！曼谷小旅行：購物╳文創╳美食╳景點，旅遊達人帶你搭地鐵遊曼谷

作者：蔡志良／定價：350 元

除了物美價廉的當地美食、新舊並存的文化景點，還有平價的優質旅店、必買辦手禮……讓旅遊達人帶你搭乘地鐵，玩遍多采多姿的曼谷！

胡志明小旅行：風格咖啡╳在地小吃╳創意市集╳打卡熱點，帶你玩出胡志明的文青味

作者：蔡君婷／定價：350 元

殖民時期的法式風格建築、獨特的咖啡文化、迷人的城市風景，本書帶領讀者前往東方巴黎——越南胡志明市，沒去過越南、不會說法語也能輕鬆當文青！

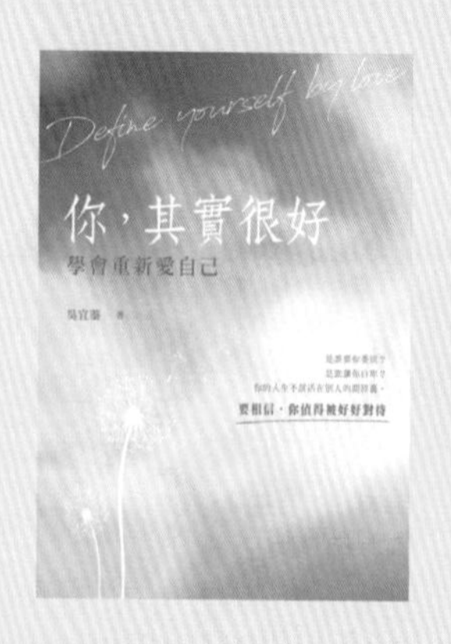

你，其實很好：
學會重新愛自己

作者：吳宜蓁／定價：300 元

是誰要你委屈？是誰讓你自卑？你的人生不該活在別人的期待裏，要相信，你值得被好好對待。停止說「都是我不好」，此刻，告訴自己，所有的自卑都是多餘。

心靈過敏：
你的痛我懂，讓我們不再孤單地活著

作者：紀雲深／定價：280 元

處於多段關係之中，總會遇到關係失衡的時候，生活上會面臨許多壓力與問題，使你的心靈變得敏感，本書透過天然的情緒療法與正向的信念，一步步帶領讀者正視自己的情緒，淨化人心。

冥想：
每天，留 3 分鐘給自己

作者：克里斯多夫 · 安德烈

譯者：彭小芬／定價：340 元

每天生活中的零碎時間，運用簡單容易的方式帶領讀者學習冥想，希望每個人都能在每日冥想之中，找到自信與平靜。

轉個念，心讓世界大不同

作者：曉亞／定價：320 元

曾幾何時，我們忘記如何真正地生活，日子被工作填滿，充滿壓力與煩心，需要的不多，想要的很多，當欲求越多，快樂便離你越遠，只要願意，轉個心念，幸福近在咫尺，無所不在。

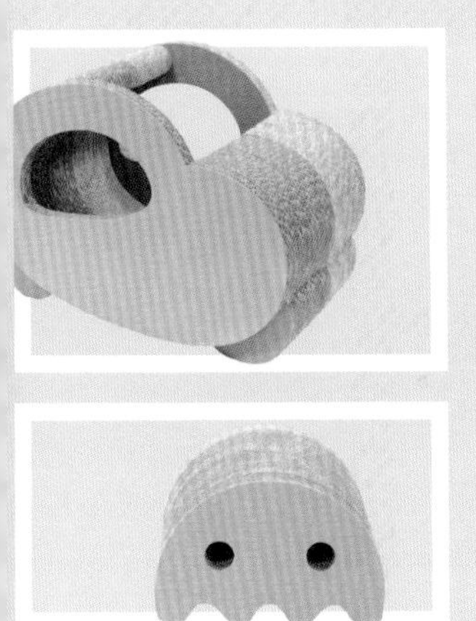

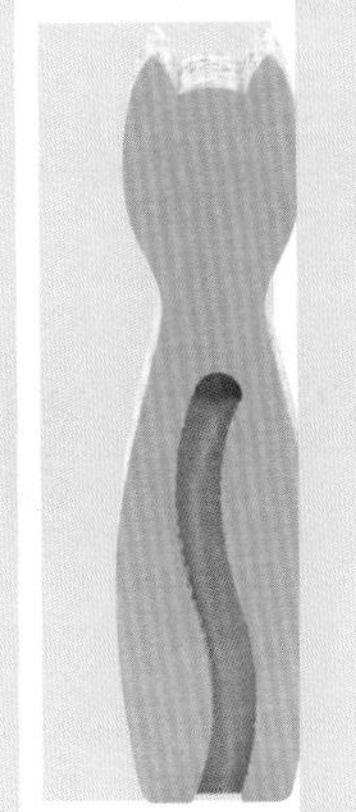

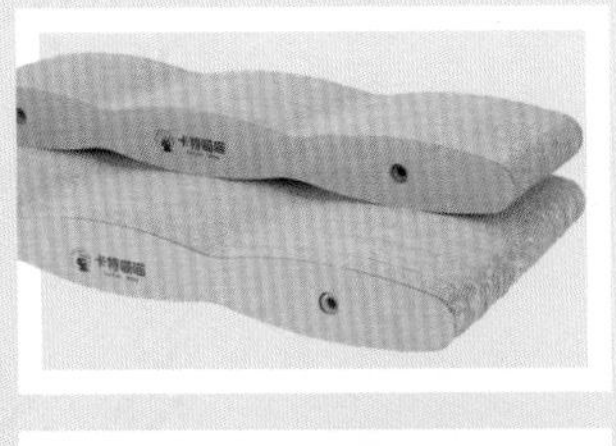

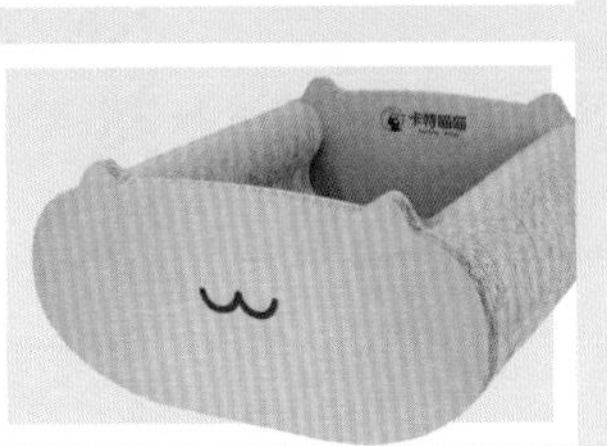

卡特喵喵

Carton MEOW 台灣製造手工貓抓板

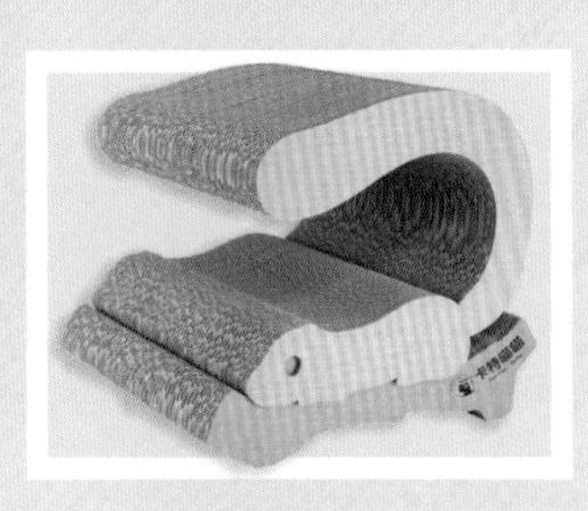

- 用過才能體會到這種紮實感和不起屑的優點 -

廣　告　回　函
台北郵局登記證
台北廣字第2780 號

地址：　　　縣/市　　　　鄉/鎮/市/區　　　　路/街

段　　巷　　弄　　號　　樓

三友圖書有限公司　收

SANYAU PUBLISHING CO., LTD.

106　台北市安和路2段213號4樓

「填妥本回函，寄回本社」，
即可免費獲得好好刊。

\ 粉絲招募歡迎加入 /

臉書／痞客邦搜尋

「四塊玉文創／橘子文化／食為天文創
三友圖書——微胖男女編輯社」

加入將優先得到出版社提供的相關
優惠、新書活動等好康訊息。

四塊玉文創×橘子文化×食為天文創×旗林文化

http://www.ju-zi.com.tw
https://www.facebook.com/comehomelife

親愛的讀者：

感謝您購買《我的貓系生活：有貓的日常，讓我們更懂得愛》一書，為感謝您對本書的支持與愛護，只要填妥本回函，並寄回本社，即可成為三友圖書會員，將定期提供新書資訊及各種優惠給您。

姓名 ____________________ 出生年月日 ____________________

電話 ____________________ E-mail ____________________

通訊地址 ____________________

臉書帳號 ____________________

部落格名稱 ____________________

1 年齡
☐ 18 歲以下 ☐ 19 歲～ 25 歲 ☐ 26 歲～ 35 歲 ☐ 36 歲～ 45 歲 ☐ 46 歲～ 55 歲
☐ 56 歲～ 65 歲 ☐ 66 歲～ 75 歲 ☐ 76 歲～ 85 歲 ☐ 86 歲以上

2 職業
☐軍公教 ☐工 ☐商 ☐自由業 ☐服務業 ☐農林漁牧業 ☐家管 ☐學生
☐其他 ____________________

3 您從何處購得本書？
☐博客來 ☐金石堂網書 ☐讀冊 ☐誠品網書 ☐其他 ____________________
☐實體書店 ____________________

4 您從何處得知本書？
☐博客來 ☐金石堂網書 ☐讀冊 ☐誠品網書 ☐其他 ____________________
☐實體書店 ____________________ ☐ FB（四塊玉文創／橘子文化／食為天文創 三友圖書 —— 微胖男女編輯社）
☐好好刊（雙月刊） ☐朋友推薦 ☐廣播媒體

5 您購買本書的因素有哪些？（可複選）
☐作者 ☐內容 ☐圖片 ☐版面編排 ☐其他 ____________________

6 您覺得本書的封面設計如何？
☐非常滿意 ☐滿意 ☐普通 ☐很差 ☐其他 ____________________

7 非常感謝您購買此書，您還對哪些主題有興趣？（可複選）
☐中西食譜 ☐點心烘焙 ☐飲品類 ☐旅遊 ☐養生保健 ☐瘦身美妝 ☐手作 ☐寵物
☐商業理財 ☐心靈療癒 ☐小說 ☐其他 ____________________

8 您每個月的購書預算為多少金額？
☐ 1,000 元以下 ☐ 1,001 ～ 2,000 元 ☐ 2,001 ～ 3,000 元 ☐ 3,001 ～ 4,000 元
☐ 4,001 ～ 5,000 元 ☐ 5,001 元以上

9 若出版的書籍搭配贈品活動，您比較喜歡哪一類型的贈品？（可選 2 種）
☐食品調味類 ☐鍋具類 ☐家電用品類 ☐書籍類 ☐生活用品類 ☐ DIY 手作類
☐交通票券類 ☐展演活動票券類 ☐其他 ____________________

10 您認為本書尚需改進之處？以及對我們的意見？

____

感謝您的填寫，
您寶貴的建議是我們進步的動力！

【黏貼處】對折後寄回，謝謝。

CATS
○
LIFE
●
LOVE
○
DAILY

CATS

○

LIFE

●

LOVE

○

DAILY